抽水蓄能电站生产准备员工系列培训教材

水工建筑物及辅机设备运检

国网新源集团有限公司 组编

中国电力出版社

CHINA ELECTRIC POWER PRESS

内 容 提 要

为促进抽水蓄能领域人才培养，满足当前抽水蓄能事业快速发展的需要，国网新源集团有限公司组织编写了《抽水蓄能电站生产准备员工系列培训教材》丛书，共 7 个分册，填补了同类培训教材的市场空白。

本书是《水工建筑物及辅机设备运检》分册，共 3 篇 11 章，主要内容包括油系统运检、气系统运检、水系统运检、通风空调系统运检、消防系统运检、金属结构概述、金属结构运行、金属结构检修、水工建筑物概述、水工建筑物运行、水工建筑物维护等。

本书适合抽水蓄能电站生产准备员工阅读，同时也可供相关科研技术人员和大专院校师生参考使用。

图书在版编目（CIP）数据

抽水蓄能电站生产准备员工系列培训教材. 水工建筑物及辅机设备运检 / 国网新源集团有限公司组编. -- 北京：中国电力出版社，2025. 6. -- ISBN 978-7-5198-9769-7

Ⅰ. TV743

中国国家版本馆 CIP 数据核字第 2025BK1107 号

出版发行：中国电力出版社
地　　址：北京市东城区北京站西街 19 号（邮政编码 100005）
网　　址：http://www.cepp.sgcc.com.cn
责任编辑：孙建英（010-63412369）　马雪倩
责任校对：黄　蓓　郝军燕
装帧设计：张俊霞
责任印制：吴　迪

印　　刷：三河市航远印刷有限公司
版　　次：2025 年 6 月第一版
印　　次：2025 年 6 月北京第一次印刷
开　　本：787 毫米 ×1092 毫米　16 开本
印　　张：11.25
字　　数：272 千字
定　　价：60.00 元

抽水蓄能电站生产准备员工系列培训教材
水工建筑物及辅机设备运检

编 写 人 员
（按姓氏笔画排序）

于 辉	马 飞	马保东	马 峰	王 飞	王考考
王亚龙	王志祥	王康乐	尹广斌	孔祥武	占 浩
付晓月	付朝霞	朱相如	刘争臻	刘远伟	闫 哲
许继飞	李 利	李思原	李艳波	李 振	李逸凡
李 博	杨 溢	杨 燚	吴凯强	何张进	何 鑫
沈 浩	宋太平	宋旭峰	宋湘辉	张士平	张永会
张 雷	张雷雷	张 磊	周 婷	胡 坤	查茂源
姚 尧	耿沛尧	夏智翼	夏斌强	高 甜	郭首春
唐文利	海得琛	黄一波	黄斌斌	董 波	覃海龙
储海洋	强 杰	谭小犁	谭 信		

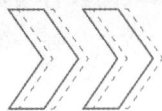

水工建筑物及辅机设备运检

序 言

　　察势者智，驭势者赢。推进中国式现代化是新时代最大政治，高质量发展是全面建设社会主义现代化国家首要任务。能源电力是以高质量发展全面推进中国式现代化战略工程、先导任务、坚实支撑。大力发展抽水蓄能，是推动能源电力行业转型发展，实现"双碳"目标，全面支撑中国式现代化重要着力点。党的二十届三中全会，对健全绿色低碳发展机制、加快规划建设新型能源体系作出重要部署。《中共中央　国务院关于加快经济社会发展全面绿色转型的意见》明确提出，科学布局抽水蓄能、新型储能、光热发电，提升电力系统安全运行、综合调节能力。国家电网有限公司站在当好新型电力系统建设主力军战略高度，出台加快推进抽水蓄能（水电）高质量发展重点措施，推动能源电力绿色低碳转型，更好支撑、服务中国式现代化。

　　作为抽水蓄能行业主力军、专业排头兵，国网新源集团有限公司以服务电网安全稳定高效运行为基本使命，坚持以国家电网有限公司战略为统领，大力推进集团化、集约化、专业化、平台化建设，增强核心功能，提高核心竞争力，努力建设成为国内领先、世界一流的绿色调节电源服务运营商，注重发展和安全、改革和稳定"两个统筹"，强化市场意识、经营意识、竞争意识、效率意识，引导规划政策、价格政策、开发管理政策，健全生产运维体系、建设管理体系、技术管理体系、经营管理体系，不断强化基层、基础、基本功，全面加强技术监督体系、同业对标体系建设，在推进抽水蓄能高质量发展中走在前作表率，为国家电网高质量发展作出积极贡献。

　　千秋基业，人才为本。生产技能人员是抽水蓄能人才队伍基础力量。近年来，国网新源集团有限公司坚持人才引领发展战略地位，大力实施电力工匠塑造工程，构建以"为人才成长助力、为业务发展赋能"为使命的"四全"人才培养体系，健全培训全要素，完善培训全流程，覆盖职业全周期，支撑集团全专业，不断提升生产技能人员培养系统性、实效性，为抽水蓄能发展提供了有力技能支撑、人才保障。

　　围绕决胜"十四五"，布局"十五五"，国网新源集团有限公司纵深推进新时代人才强企战略，拓宽人才发展通道，构建"领导职务、职员职级、科研、技能"四通道并行互通的人才发展体系，构建思想引领有力、服务发展有为、赋能增智有方、支撑保障有效的教育培训新格局，加大生产技能人员培养使用力度，更好发挥生产技能人员专业支撑、技艺革新、经验传承作用。

作为生产技能人员队伍重要组成部分，抽水蓄能电站生产准备员工核心专业知识、核心专业技能水平，事关抽水蓄能电站高质量发展，事关《抽水蓄能中长期发展规划（2021～2035年）》落地见效。为加快建设知识型、技能型、创新型抽水蓄能电站生产准备员工，更好传承核心专业知识、核心专业技能，国网新源集团有限公司组织华东天荒坪抽水蓄能有限责任公司、浙江仙居抽水蓄能有限公司、华东宜兴抽水蓄能有限公司等15家单位，150余名具有丰富教育培训、生产技能经验专家，历时3年，编写《抽水蓄能电站生产准备员工系列培训教材》。

本套教材共7个分册，全景式介绍抽水蓄能电站生产准备基本知识、基本技能，以及电站运维管理、电气一次设备运检、机械设备运检、电气二次设备运检、水工建筑物及辅机设备运检知识和技能。本套教材遵循科学性、实用性、通用性、特色性原则，创新基础理论、实操技能、典型案例的三元融合模式，努力打造抽水蓄能电站生产准备员工"工具书"，填补同类培训教材市场"空白"。

本套教材主要使用对象是抽水蓄能电站生产准备员工，以及抽水蓄能行业科研技术人员、大专院校师生。通过研读本套教材，有助于快速提升抽水蓄能电站生产准备员工核心专业知识、核心专业技能，加快补齐知识短板、夯实技能底板、锻造特色长板，为抽水蓄能行业高质量发展贡献国网新源力量，为全面推进中国式现代化作出新的更大贡献。

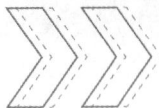

水工建筑物及辅机设备运检

前　言

　　在全球能源格局加速调整、绿色低碳发展成为时代主题的当下，抽水蓄能作为构建新型电力系统的关键支撑，其重要性愈发凸显。国家能源局发布的《抽水蓄能中长期发展规划（2021～2035 年）》中明确指出，要加快抽水蓄能电站核准建设，到 2030 年，抽水蓄能投产总规模较"十四五"再翻一番，达到 1.2 亿 kW 左右。加快推进抽水蓄能事业发展，离不开一支高素质的生产准备员工队伍。

　　为加快抽水蓄能生产准备员工队伍建设，提高生产准备员工培训的系统性、针对性和时效性，促进抽水蓄能电站高质量发展，国网新源集团有限公司组织集团范围内具有丰富培训教学和管理经验的专家编写了本套教材。

　　本套教材共 7 个分册，全面阐述了生产准备员工应具备的基本知识、基本技能、各设备运维技能和管理技能。内容遵循科学性、实用性、通用性、特色性的原则，解读相关工作原理与工作要求，介绍相关典型案例，集理论与实践一体，体现了教育培训"工具书"的特点，做到了培训知识和培训实践有机结合。

　　本套教材编写工作于 2022 年 10 月启动，经过多次编审，不断完善改进，形成终稿。参与编写工作的人员来自国网新源集团有限公司、国网新源集团有限公司丰满培训中心、山东泰山抽水蓄能有限公司、华东桐柏抽水蓄能发电有限责任公司、华东天荒坪抽水蓄能有限责任公司、浙江仙居抽水蓄能有限公司、华东宜兴抽水蓄能有限公司、华东琅琊山抽水蓄能有限责任公司、安徽响水涧抽水蓄能有限公司、福建仙游抽水蓄能有限公司、河南宝泉抽水蓄能有限公司、湖南黑麋峰抽水蓄能有限公司、辽宁蒲石河抽水蓄能有限公司等 15 家单位，共 150 余人。

　　鉴于经验水平和编制时间有限，本套教材难免存在疏漏之处，恳请各位专家和读者提出宝贵意见，使之不断完善。

《抽水蓄能电站生产准备员工系列培训教材》编委会

2025 年 1 月

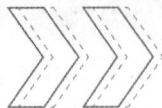

目 录

第一篇

辅机系统运检

第一章　油系统运检

本章概述

抽水蓄能电站机电设备运行中，需要使用各种性能的油，按用途可分为润滑油和绝缘油两大类。本章主要介绍抽水蓄能电站油系统概述、油系统运行、油系统检修3部分内容，用于指导初学者了解设备基础知识，掌握相关技能，以便快速适应岗位。

学习目标

学习目标	
知识目标	1. 了解油系统的组成和作用。 2. 了解油系统的日常运行、巡检、操作、事故处理等。 3. 了解油系统的日常维护、检修处理、检验要求、异常处置等。
技能目标	1. 掌握油系统日常巡检内容及注意事项，能开展设备巡检工作。 2. 熟悉油系统操作流程，了解油系统发生故障时应急处置原则、方法，能开展常规的事故处置。 3. 掌握油系统常见运行操作，能正确拟写操作票，能开展监护下常规操作。 4. 熟悉油系统日常维护、异常情况处理等日常维护项目，能开展日常维保保养等工作。 5. 熟悉油系统检修试验方法、工艺、工序以及验收标准等，能在指导下开展油系统常规检修试验等工作。

第一节　油系统概述

一、油的类型

抽水蓄能电厂的机电设备在运行中，需要使用各种性能的油，按用途可分为润滑油和绝缘油两大类。

（一）润滑油

润滑油分为汽轮机油、机械油、压缩机油三类。

（1）汽轮机油：供机组各轴承润滑及液压操作用（包括调速系统、液压操作阀门、主阀等）。

（2）机械油：供电动机、水泵轴承和起重机等润滑用。

（3）压缩机油：用于润滑压缩机的气缸、阀及活塞杆密封处。

（二）绝缘油

绝缘油通常由深度精制的润滑油基础油加入抗氧剂调制而成，绝缘油主要供变压器、油断路器等电气设备用油。

二、油的主要作用

（一）润滑油

润滑油中的机械油和压缩机油主要作用是润滑，而其中的汽轮机油主要用于润滑作用、散热作用和液压操作。

（1）润滑作用：在轴承间或滑动部分形成油膜，以润滑油内部摩擦代替固体干摩擦，从而减少各设备的发热和磨损，延长设备使用寿命，保证设备的功能和安全。

（2）散热作用：润滑油在对流作用下将热量散传出，再经过冷却器将其热量传导给冷却水，从而使油和设备的温度不致升高到超过规定值，起到散热作用，保证设备的安全运行。

（3）液压操作：利用油的不可压缩性和流动性。水电站的许多设备如调速器、进水阀以及管路上的液压阀，通过高压油来进行操作和控制。汽轮机油可以作为传递能量的工作介质。

在水电站的油系统中，润滑油系统主要是利用汽轮机油的润滑和散热作用，而液压操作系统主要是利用汽轮机油传递能量的作用。另外，在液压操作系统中，由于汽轮机油在压力油罐和机组之间通过油泵循环使用，容易使油温升高，所以通常对其设有冷却装置，保证其温度在正常范围内。

（二）绝缘油

绝缘油系统主要供变压器、油断路器等电气设备用油，其作用主要是绝缘、防氧化和防潮、冷却和消弧。绝缘油又分为变压器油（供变压器、互感器用油）、断路器油（供各种断路器用油）、电缆油（供电缆用油）。

（1）绝缘作用：增加相间、层间以及设备的主绝缘能力，提高设备的绝缘强度；对变压器、电缆及电容器，以及油断路器同一导电回路断口之间等固体绝缘进行浸渍和保护、填充绝缘中的气泡，防止外界空气和湿气入侵，保证绝缘可靠。

（2）防氧化和防潮作用：隔绝设备与空气接触，防止发生氧化和浸潮，保证绝缘不致降低；特别是变压器、电容器中的绝缘油，不仅能防止潮气入侵，同时还填充了固体绝缘材料中的间隙，使得设备稳定性得到加强。

（3）冷却作用：变压器等充油电气设备有热循环回路，热油经过散热器冷却，再回到变压器本体，使箱体内的绝缘油循环冷却，以达到冷却散热的目的；油浸式变压器就是通过油把变压器的热量传给油箱及冷却装置，再由周围空气或冷却水进行冷却，从而保持变压器绕组 / 铁芯温度在一定范围内。

（4）消弧作用：油断路器中的绝缘油，除了作为绝缘介质的绝缘作用外，还作为灭弧介质具有灭弧作用，防止电弧，促使断路器迅速可靠熄灭电弧。

为了使绝缘油能够完成其本身功能，绝缘油应具有较小的黏度、较低的凝固点、较高的闪点和耐压强度，以及有较好的稳定性。

在运行中，绝缘油经常受到氧气、湿气、高温、阳光等作用，性能会逐渐变坏，致使其不能充分发挥作用。为确保绝缘油性能良好，必须定期对绝缘油进行试验，当发现绝缘油品质不符合使用要求时，需要立即更换新油，或采用绝缘油滤油机对油液进行处理；设备运行条件允许的情况下，也可以选择在线滤油的方式保证绝缘油品质。

三、油系统的组成及作用

抽水蓄能电厂设置汽轮机油和绝缘油两个系统，汽轮机油供给机组轴承润滑、调速系统和球阀操作系统；绝缘油系统供给主变压器，静止变频器（static frequency converter，SFC）输入、输出变压器用油。

（一）汽轮机油系统组成及作用

汽轮机油系统由油泵、管路、储油罐、自动化元件等组成，储油罐的容积按 1 台机组总油量的 110% 确定。

因抽水蓄能机组工况转换频繁，油处理机会较多，故应在厂内另设汽轮机油处理系统以便机组就近滤油，且配置相应的储油罐，同时用管网将用油设备与储油设备和油处理设备连接成厂内汽轮机油系统。

（二）绝缘油系统组成

绝缘油系统由油泵、管路、油桶、自动化元件等组成，绝缘油一般设置主变压器专用油桶和 SFC 变压器专用油桶。按国家相关规范储油桶的容积按 1 台主变压器油量的 110% 确定，可配置相应数量的净油桶和运行油桶，通常主变压器应有 70% 主变压器油量作为备用。因此应增设储油桶储存备用油。

四、油系统的主要技术参数

油的性质分为物理、化学、电气性质和安定性。物理性质包括黏度、闪点、透明度、水分、机械杂质、凝固点和灰分含量等；化学性质包括酸度、水溶性酸或碱以及液相锈蚀等；电气性质包括绝缘强度、介质损失角等；安定性包括抗氧化性和抗乳化性等。

（一）闪点（汽轮机油、绝缘油）

闪点是保证油在规定的温度范围内储运和使用的一项安全指标。闪点是在一定条件下加热油，油的蒸气与空气所形成的混合气体，在某一温度时用火焰接近油面，会闪燃发生蓝色火焰并瞬间熄灭，此温度值称为油的闪点。

对于运行中的汽轮机油和绝缘油，通常闪点是比较高的，如果设备有局部过热或电弧作用等潜伏故障存在，则油因高温而分解致使油的闪点显著降低。因此，可以使用油的闪点特性预报设备的内部故障。

（二）凝固点与透明度（汽轮机油、绝缘油）

油没有固定的凝固点，所谓凝固点是把油放在一定的仪器中，在一定的试验条件下，油丧失流动性时的温度称为凝固点。轻质汽轮机油的凝固点不大于 $-15℃$，中质汽轮机油不大于 $-10℃$；绝缘油的凝固点为 $-35\sim45℃$。

油的透明度是判断新油及运行油的清洁或被污染程度的指标之一，水电厂要求油呈透明的橙黄色，如果油中含有水分和机械杂质，则影响油的透明度。

（三）水分（汽轮机油、绝缘油）

油中含有水分会增大有机酸的腐蚀能力，加速油的劣化，使油的耐压水平降低。油中水分的来源，一是外界侵入，二是油氧化而生成。结合水是油初期老化的象征，由于油被氧化而生成乳化状态的水以极细小的颗粒分布于油中，这种结合水很难从油中除掉，其危害性很大。所以相关规程规定，无论新油或运行油都不允许有水分存在。

（四）油中的机械杂质（汽轮机油、绝缘油）

在油中以悬浮状态而存在的各种固体称为机械杂质，如灰尘、金属屑、纤维物、泥沙和结晶状盐类等。机械杂质有些是在地下油层中固有的，有的是开采时带入的，有的是加工过程中遗留下来的，也可能是在运输、储存和运行中混入的。当机械杂质超过允许值时，润滑油在摩擦表面的流动会受阻，导致油膜破坏，还可能堵塞润滑系统的滤网与油管，使摩擦部件过热；同时，机械杂质还促使油劣化，降低油的抗乳化性能。

（五）酸值（汽轮机油、绝缘油）

酸值是保证储运容器和使用设备不受腐蚀的一项指标。油中游离的有机酸称为油的酸值或酸价。油在使用过程中的酸值一般呈现逐渐升高趋势，通常用酸值来衡量或表示油的氧化程度。

酸不仅会腐蚀纤维，酸还能和有色金属接触形成皂化物，皂化物会影响油在管道中的正常流动，降低油的润滑性能。新汽轮机油和新绝缘油的酸值都不能超过 0.05mg/g（以 KOH 计）；运行中的绝缘油不超过 0.1mg/g（以 KOH 计）；运行中的汽轮机油不超过 0.2mg/g（以 KOH 计）。

（六）水溶性酸或碱（汽轮机油、绝缘油）

油在精制过程中若处理不当，可能有剩余的无机酸或碱存在。其中，酸会作用于铁和铁的合金，碱会作用于有色金属；油中的酸和碱会使接触部件的金属表面和油管剧烈腐蚀，并且加快油的劣化。所以，无论新油或运行中的油都要求是中性油，即无酸碱反应。

（七）油泥和沉淀物（汽轮机油、绝缘油）

油泥和沉淀物是溶解于油中的化合物，是由油自身的氧化或者外部杂质溶解于油中而产生的，能反映油品变质的迹象。

（八）绝缘强度（绝缘油）

绝缘强度是评定绝缘油电气性能好坏的主要指标之一，绝缘强度用标准电极下的击穿电压表示，即以平均击穿电压（kV）或绝缘强度（kV/cm）表示。所谓击穿电压，是在绝缘油容器内放一对电极，并施加电压，当电压升到一定值时，电流突然增大而发生火花。这种物理现象称为绝缘油的"击穿"，将这个开始击穿的电压称为"击穿电压"。

（九）颗粒度（绝缘油）

颗粒度是测量油中固体杂质颗粒的数量，颗粒度的增加，特别是金属颗粒度的增加，会使变压器油的击穿电压降低。

（十）介质损耗（绝缘油）

介质损耗全称：介质损耗因数，主要反映油中泄漏电流引起的功率损失的大小。

介质损耗对判断变压器油的老化及污染程度都是很敏感的。介质损耗能反映出油中是否含有污染物和极性杂质，在油质老化或混入杂质时，在用化学方法还无法发现时，从介质损耗因数上就可以分辨出来。

（十一）击穿电压（绝缘油）

击穿电压是检验变压器油耐受极限应力情况，是一项非常重要的监督手段。通常情况下，击穿电压主要取决于被污染的程度，但当油中水分较高或含有杂质颗粒时，对击穿电压影响较大。

（十二）界面张力（绝缘油）

界面张力是指油品与不相容的另一相（水）的界面上产生的张力。

油水之间界面张力测定是检查油中含有因老化而产生的可溶性杂质的一种间接有效的方法。油在初期老化阶段，界面张力的变化是相当迅速的，到老化中期，其变化速度也就降低，而油泥生成则明显增加。因此，此方法也可对生成油泥的趋势做出可靠的判断。

（十三）油中含气量（绝缘油）

油中含气量指变压器油中溶解的气体含量；一般新油中主要气体是氧气和氮气，主要来源于制造和试验过程；运行中的变压器油还含有氢气和烃类等；如果油中溶解气体较多，当温度和压力发生变化时，可能有气泡产生，这就会极大地降低变压器油的绝缘性能。

（十四）抗乳化度（汽轮机油）

在一定条件下，受试油与水蒸气形成的乳化液达到完全分层所需的时间（min），称为该油的抗乳化度。水轮机使用的汽轮机油都难免与水接触，容易形成乳化液，油一旦被乳化，其润滑性能会降低，摩擦力增大，所以要求汽轮机油应具有良好的抗乳化能力。试验表明，黏度小的油抗乳化度好，抗氧化性也好，因此，尽量选用黏度小的汽轮机油。

（十五）液相锈蚀（汽轮机油）

液相锈蚀是反映水轮机油与水混合时，防止金属部件锈蚀的能力，及评定添加剂的防锈效果等。

（十六）起泡沫试验（汽轮机油）

起泡沫试验是反映油品生成泡沫的倾向及泡沫稳定性的重要指标。

（十七）空气释放值（汽轮机油）

空气释放值指油中雾沫空气的释放能力。油中空气表现为气泡和雾沫空气两种形式。引起机械噪声和振动；液压系统中会造成油泵运行不稳，影响控制的准确性。

（十八）氧化安定性（汽轮机油）

在一定的外界条件下，油品能抵抗氧化作用的能力，称为油品的氧化安定性。氧化安定性表现为颜色变深、黏度增加、酸值增大等，并且会有油泥沉淀物析出，失去原有的优良理化性能。

影响氧化安定性的因素：温度、氧化时间、油的化学组成、金属及其他物质的催化作用。

第二节　油 系 统 运 行

一、巡检

（一）发电电动机组油系统巡检

发电电动机组油系统巡检包含推力外循环油管路检查、推力外循环冷却器检查、高压油系统检查和发电电动机组油系统自动化元器件检查。

（1）对推力外循环油管路进行检查：检查场内发电电动机组推力外循环冷却系统油管路是否存在渗漏，特别是管路接头、法兰等连接处，检查各处油压力及流量正常。

（2）对推力外循环冷却器进行检查：检查推力外循环冷却器管路接头是否存在渗漏，推力外循环冷却器本体是否存在渗漏，检查循环油泵是否正常（如有），检查各处冷却水压力及流量正常。

（3）对高压油系统进行检查：对发电电动机组高压油顶起装置进行检查，包括交直流高压油泵的接头是否存在渗漏情况，油泵的表计指示以及油泵本体运行情况。

（4）对发电电动机组油系统自动化元器件进行检查：元器件的指示是否存在异常，元器件接头是否存在渗漏，元器件本体是否存在破损。

（二）水泵水轮机组油系统巡检

（1）检查水车室内油管路，确认管路接头无渗漏。

（2）检查水导油盆无渗漏，水导油冷却器运行情况正常，水导油位指示正常；检查循环油泵是否正常（如有），检查各处油压力及流量正常，检查各处冷却水压力及流量正常。

（3）检查水车室顶盖、水导瓦架无异常积油、无油渍，水车室墙壁无油渍。

（三）调速器油系统和主进水阀油系统巡检

调速器油系统和主进水阀油系统巡检包括对调速器和主进水阀集油槽、压力油罐系统油位、油压进行检查，确认集油槽本体无渗漏、主进水阀油泵运行情况正常；接力器管路、自动化元器件管路接头无渗漏、集油槽及压力油罐油位指示装置无渗漏；检查油过滤器运行正常。

（四）主变压器绝缘油系统巡检

主变压器绝缘油系统巡检主要包括：各部位无渗漏油，储油柜油位、油色正常；温度计指示正常；主变压器两侧套管应清洁，无损伤、裂纹或放电现象；潜油泵运转声音正常，电动机无异常振动、过热现象；冷却系统各阀门位置正常，水压、油压、水流、油流正常；呼吸器硅胶油封良好、有油；冷却器渗漏装置工作正常；检查油色谱数据正常等。

（五）汽轮机油处理室巡检

（1）检查油处理室照明正常。

（2）检查油处理室内的温度、湿度正常。

（3）检查油处理室内的地面整洁、干燥、无污渍。

（4）检查油处理室内的设备完整无缺、排放整齐有序，能随时投用。

（5）检查油处理室内加油、排油管路上的阀门位置正确。

（6）检查净油罐、运行油罐无渗漏油现象。

（7）检查各用油设备油色、油位正常。

（8）检查厂内汽轮机油处理室有无着火隐患，如有应及时汇报并处理。

二、操作

（一）运行人员油系统设备基本操作要求

（1）熟记油系统图，能独立、正确地拟写油系统操作票。

（2）掌握机组高压油泵的控制方式切换、主/备用切换、手动启停操作，主/备用给水泵的定期切换操作。

（3）熟悉油系统检修隔离操作。

（4）掌握油系统阀门（手动隔离阀、泄压阀、电磁液压阀、电动阀）的操作及其注意事项。

（5）熟悉油系统压力油罐检修隔离的泄压、建压及油位调整操作流程。

（6）熟悉压力油罐常规排污操作。

（二）油系统的简单操作

1. 压力油罐的补气操作

图 1-2-1 补气装置

压力油罐设有补气装置以保证油罐油位正常，气源取自中压气系统。补气装置有自动补气和手动补气两种运行方式。自动补气：自动补气装置根据油罐油压和油位自动开启和关闭。手动补气：在额定压力情况下，若油罐油位高于开始补气油位，可进行手动补气；若油罐油位低于停止补气油位，可进行手动排气。补气装置如图 1-2-1 所示。

2. 导轴承循环油泵的操作

自动启动：油泵控制方式在"AUTO"位置时，机组开机时监控会发一命令启动循环油泵。

手动启动：将循环油泵控制方式切至"MAN"位置，再按"start"或"stop"按钮来启停该油泵；当集油箱出现油位低报警时，循环油泵将自动停止。

3. 调速器及球阀漏油泵的操作

正常情况下，球阀漏油泵在自动方式下，其控制开关在"AUTO"位置，其启停由漏油箱油位开关自动控制。

当球阀漏油泵控制开关在"MAN"位置时，其启停由"start"和"stop"两按钮来控制；当集油箱出现油位低报警时，漏油泵将自动停止，而与漏油泵控制方式无关。

（三）压力油罐排油泄压操作

1. 停电

停电操作是指油泵在停运状态；拉开油泵的动力电源及控制电源并加机械锁。

2. 隔离

隔离操作是指关闭所有来压侧的阀门、闸门并加机械锁，切断所有动力源（油、气、水）。

3. 泄压

泄压操作是指打开压力油罐排气阀泄压至规定值后关闭，打开排油阀至最低液位后关闭；打开压力油罐排气阀泄压至 0MPa。

（四）安全注意事项

（1）油系统作业前应检查设备压力情况。

（2）泄压时人员不得正对压力释放方向；操作前应查看启闭标志；操作阀门时禁止蛮力操作。

（3）电动阀或液动阀作为隔离点时需断开操作能源。

三、异常情况及处理

（一）集油槽油位异常故障

1. 故障现象

（1）监控系统发出报警信息，语音报警，故障光字牌亮。

（2）集油槽油位升高或降低至报警值。

2. 故障原因分析

（1）集油槽油位降低：集油槽及相关管路、阀门漏油或因压油罐漏气，油泵启动不停等引起的压油罐油位过高，造成集油槽油位过低。

（2）集油槽油位升高：由于压油罐补气阀未关严等引起压油罐油位过低或机组导轴承集油槽油混水造成集油槽油位过高。

3. 故障处理

（1）油槽漏油引起的故障，应设法隔离漏油处，处理完毕后，添加新油至规定油位，复归集油槽油位过低故障信号。

（2）压油罐油位过高引起的故障查明原因，处理后调整压油罐油位，复归集油槽油位过低故障信号。

（3）压油罐油位过低引起的集油槽油位过高，查明原因关闭供气源，并调整压油罐油位至规定范围，复归集油槽油位过高故障信号。

（4）若检查压油罐、漏油槽油位正常，而集油槽油位过低或过高时，应联系维护人员添油或排油。

（5）判断是否误发信号，确定后复归。

（二）水导油位高故障

1. 故障现象

（1）监控系统发出报警信息，语音报警，故障光字牌亮。

（2）水导油位测量值高于定值。

2. 故障原因分析

（1）油中混水导致油位上升。

（2）油位测量传感器误动。

（3）水轮机检修后，加油太多。

3. 故障处理

（1）值守人员监视水导油位及水导瓦温度，若油位上升较快，油混水报警，瓦温升高，应立即向网调汇报转移负荷，同时汇报值长。

（2）值守人员汇报值长，安排值班人员就地检查水导油位，若为油位测量传感器误动，在不影响机组运行情况下，可解开油位高跳机命令端子，等机组停机后通知维护人员检修。

（3）若水导油量过多，则停机后通知维护人员排油。

第三节　油　系　统　检　修

一、汽轮机油维护检修要求

（1）水轮发电机等设备需要补充油时，应补加与设备相同牌号的新油或曾经使用过的合格油，由于新油与已严重老化的运行油对油泥的溶解度不同，当向运行油特别是油质已老化的油中补加新油或接近新油标准的油时，有可能导致油泥的析出，以致破坏机组的润滑、散热及调速特性，威胁机组的安全运行。因此，补充油必须预先进行混油的油泥析出试验，无油泥析出时，方可允许补加。

（2）混合使用的油，混合前的油质均必须检验合格。不同牌号的水轮机油原则上不宜混合使用，在特殊情况下必须混用时，或进口油及来源不明的油需与不同牌号的油混合时，应先按照实际混合比测定混合前后油样的黏度，黏度符合要求时，继续进行油泥析出试验，以决定是否可以混合；再进行老化试验，老化后混合油样的质量应不低于未混合油中最差的一种油时，方可允许混合使用。无论是相同牌号的油或不同牌号的油混合使用时，油样的混合比应与实际使用的比例相同。如果运行油的混合比未知，则油样采用 1∶1 比例混合。所有油品需要混合使用前必须由检验部门按规定程序执行，出示报告，由总工批准，方可执行。

（3）防止水装置轮机油劣化的措施。为延长油的使用寿命，保证设备安全运行，应对运行中的汽轮机油采取必要的防劣措施。

采用滤油器可随时清除油中机械杂质和水分，以保持油系统的清洁度。

在油中添加抗氧化剂 2,6—二叔丁基对甲酚（通称 T501 抗氧化剂），以提高油的安定性。抗氧化剂在油中的含量：新油和再生煤不低于 0.3%～0.5%，运行中油不低于 0.15%，不足时应及时补加。

考虑到机组可能发生渗漏的情况，可以添加防锈剂十二烯基丁二酸（通称为 T746 防锈剂）；含量为 0.02%～0.03%，运行中的水轮机油应根据液相锈蚀试验的结果及时补加。

二、库存油的管理及报废油的处理

（1）为确保安全运行，油库应根据充油设备的用油量储存一定数量的合格备用油。

（2）库存油的管理应严格做好入库、储存、发放三个环节的工作，防止油的错用、错混和油质劣化。

（3）新购进的油必须坚持"先验收、后入库"的原则，须先验明油种、牌号并校验油质是否合格，严格防止不合格油进入油库；入库前须经过滤、净化合格后方可注入备用油罐，防止油桶及管线污染。

（4）库存备用的新油和合格的油应分类、分牌号、分质量进行存放，所有油桶、油罐必须标示清楚，挂牌建账，且应账物相符，定期盘点无误。

（5）做好库存油的油质检验，库存油在倒罐、倒桶及向原来存有油的容器内再注入新油时都应严格监督，对长期储存的备用油应严格监督；对长期储存的备用油应按常规项目（3～6 个月）检验，以保持油质处于合格备用状态。

（6）检修更换或油化验不合格需要换油时，废油不得擅自处理排放，应经统一收集后，办理废油报废手续后进行报废处理。

三、绝缘油维护检修要求

（一）绝缘油（变压器油）的污染

新油注入设备时，都要通过真空滤油机脱气、脱水和除去杂质。但是，当清洁干燥的油注入设备后，往往油的品质会降低，如油的介质损耗因数会增大、烃类气体会增加等，这时应考虑油是否被污染，是否设备在加工制造组装时环境不洁，使微小颗粒附着在变压器线圈及铁芯上，注油后浸入油中，从而导致油的品质下降。

（二）变压器油的维护

进行运行中变压器油的维护工作，能延长油的使用寿命，使变压器保持良好的绝缘性能。变压器油的维护内容主要包括：定期检查储油柜呼吸器内的干燥剂是否失效，失效时应及时更换或处理，以杜绝潮湿空气进入油中；定期检查油中抗氧化剂含量不低于 0.15%（新油和再生油中抗氧化剂含量规定为 0.3%～0.5%），不足时应及时补加，以达到良好的抗氧化性能。

（三）绝缘油的补油和混油的规定

（1）电气设备充油不足，需要补充油时，应该补加同牌号的合格新油，补加油品的各项指标都不应低于设备内的油。如果新油补入量较少（低于 5%），通常不会出现问题；如果新油补入量较多，特别是将较多的新油补加到已严重老化、其品质已接近运行油质量标准下限的油中时，就有可能导致油泥迅速析出，从而影响油的散热和绝缘性能，甚至引起设备事故的发生。

不同牌号的油原则上不宜混合使用，如果必须在运行设备内加入不同牌号的油时，应预先进行混油的油泥析出试验，检查油的安定性合格，无沉淀物产生，同时必须实测混合油样的凝固点，确认混合油的品质达到标准时，方可允许混合使用。

（2）进口油、来源不明的油以及未加 2,6—二叔丁基对甲酚抗氧化剂的油或已添加其他抗氧化剂的各类油，如需要与不同牌号的油混合使用时，由于油的组成不同，所含添加剂的类型不完全相同，在混合使用时应特别慎重。

当必须混用时，应预先对参加混合的各种油及混合后的油样按 DL/T 429.6《电力用油开口杯老化测定法》中规定的方法进行老化试验，当混合油的质量不低于原运行油时，方可混合使用；若相混的都是新油，其混合油的质量就不低于其中最差的一种油，并必须实测凝固点，以决定是否可以混用。

（3）在进行混合油样试验时，油样的混合比应与实际使用的比例相同，如果实际混合比例未知，则采用 1:1 比例混合。

四、油系统的检修工序及技术要求

（一）油系统冲洗

新装辅机设备和检修后的辅机设备的油箱、油槽在投运之前应进行油系统冲洗，将油系统全部设备及管道冲洗达到合格的清洁度。

（二）运行中油系统检修

1. 运行油监视

运行中应加强监督所有与空气相通的门、孔、盖等部位，防止污染物的直接侵入；如发现运行油受到水分、杂质污染时，应及时采取有效措施予以解决。

2. 倒油

当机组检修或因油质不合格换油时，需要进行油的倒运，应遵循以下要求：

（1）如果从设备系统内放出的油还需要再使用时，应将油转移至内部已彻底清理干净的临时油箱、油囊或油处理室的油罐中。

（2）当油从系统排出时，应尽可能将系统内油放尽，特别要将加热器、冷油器内等含有污染物的残油设法排尽，底部的无法放出的残油可使用吸油棉等进行清理，底部清理的残油一般作废油处理。

（3）放出的油可用滤油机净化，回充时将过滤合格后的油倒运至已清理干净的油箱或油盆中。

（4）油系统所需的补充油也应过滤合格后才能补入。

3. 油化验

机组油系统放油后在进行滤油处理完应进行油化验，检测颗粒度、水分等合格后方可回充。新油及运行中的油化验要求可按照 GB/T 7596—2017《电厂运行中矿物涡轮机油质量》、GB/T 14541《电厂用矿物涡轮机油维护管理导则》、GB/T 7595—2017《运行中变压器油质量》、GB/T 14542—2017《变压器油维护管理导则》要求执行。

4. 油系统清洗

油系统设备的元件及管道应进行定期清理，防止长时间使用后系统残留杂质、油泥等影响油质，清理应当遵循以下要求：

（1）清理时所用的擦拭物应干净、不起毛；清洗时所用的有机溶剂应洁净，并注意对清洗后残留液的清除。

（2）清理后的部件应用洁净油冲洗，必要时需用防锈剂（油）保护。

（3）清理时不宜使用化学清洗法，也不宜用热水或蒸气清洗。

（三）油净化处理

（1）辅机系统用油的品种和规格较多时，在净化处理时同种油品、相同规格油宜使用一台油处理设备。如果混用，会造成不同油品的相互污染。

（2）对于用油量较大的辅机设备，在运行中，可以采用旁路油处理设备进行油净化处理。当油中的水分超标时，可采用带精过滤器的真空滤油机处理；当颗粒杂质含量超标时，可采用精密滤油机进行处理；当油的酸值和破乳化度超标时，可以采用具有吸附再生功能的设备处理，也可以采用具有脱水、再生和净化功能的综合性油处理设备。

（3）变压器油的处理是通过物理或化学的方法，使无法满足运行要求的变压器油恢复其性能指标并继续投入使用的一种工艺。不同的油处理方法可除去油中不同种类的杂质，总体包括变压器油的再处理及再生。

五、油系统油质异常情况及处理措施

（1）异常情况：油中进水或被其他液体污染。

处理措施：脱水处理或换油。

（2）异常情况：油温升高或局部过热，油品严重劣化。

处理措施：控制油温，消除油系统存在的过热点，必要时滤油。

（3）异常情况：油被污染或过热。

处理措施：消除污染源或故障点，结合油化验结果考虑处理或换油。

（4）异常情况：运行油温高或油系统存在局部过热导致老化、油被污染或抗氧剂消耗。

处理措施：控制油温，消除局部过热点，更换吸附再生滤芯作再生处理，每隔48h取样分析，直至正常。

（5）异常情况：密封不严，潮气进入。

处理措施：更换呼吸器的干燥剂，脱水处理，滤油。

（6）异常情况：被机械杂质污染、精密过滤器失效或油系统部件有磨损。

处理措施：检查精密过滤器是否破损、失效，必要时更换滤芯；检查油箱密封及系统部件是否有腐蚀磨或油系统部件有磨损，消除污染源，进行旁路过滤，必要时增加外置过滤系统过滤，直至合格。

（7）异常情况：油老化或被污染、添加剂不合适。

处理措施：消除污染源，添加消泡剂，滤油或换油。

（8）异常情况：油中有水或防锈剂消耗。

处理措施：加强系统维护，脱水处理并考虑添加防锈剂。

（9）异常情况：油被污染或劣化变质。

处理措施：如果油呈乳化状态，应采取脱水或吸附处理措施。

思　考　题

1. 简述油的分类及作用。

2. 运行中的汽轮机油、绝缘油检测项目有哪些?

3. 简述常见的油质异常情况及处理。

第二章　气系统运检

本章概述

空气具有极好的可压缩性，是储存压能的良好介质，同时有使用方便，不易燃烧爆炸的特点，因此，压缩空气在水电站中得到广泛的应用。本章分为气系统概述、气系统运行、气系统检修3个部分。

学习目标

学习目标	
知识目标	1. 能记住气系统压力等级，气系统组成及作用。 2. 能简述气机及其附属设备的组成及工作原理。 3. 能简述制动、检修、调相压水、检修围带及油压装置用气的作用。 4. 能理解气系统图及气系统电气控制。 5. 能阐述气系统日常巡检内容。 6. 能知道在气系统发生故障时的应急处置原则、方法。
技能目标	1. 能知道气机启停逻辑，能独立完成气机手动启停操作。 2. 能简述气机、气罐隔离操作思路并拟写操作票。 3. 能独立完成气系统定期保养、常见缺陷处理等日常维护。 4. 能在指导下完成压力气罐等压力设备常见检测试验、检修项目。

第一节　气系统概述

一、气系统压力等级

根据 NB/T 35035—2014《水力发电厂水力机械辅助设备系统设计技术规定》，压缩空气系统按照其最高工作压强等级划分为高压、中压和低压3个压力范围：$10\text{MPa} \leqslant P_N < 100\text{MPa}$ 为高压；$1.6\text{MPa} \leqslant P_N < 10\text{MPa}$ 为中压；$P_N < 1.6\text{MPa}$ 为低压。因水力发电厂不宜选用高压气系统，各水电厂只有中压气系统和低压气系统。

二、不同装置用气的作用

中压气系统主要有以下三个作用：

（1）调速器、进水阀油压装置用气：调速器、球阀压油罐中 2/3 是压缩空气，为调速器和球阀接力器动作提供比较稳定的油压。

（2）机组压水调相用气：为减少机组调相运行时的功率损耗及在水泵启动工况时减小启动力矩，需利用压缩空气将水泵水轮机转轮室中的水压离转轮，使转轮在空气中运转，降低转轮转动的阻力。

（3）机组主轴检修密封空气围带用气：通过往主轴密封橡胶空气围带供气，使其膨胀抱紧在水轮机大轴上抗磨板的侧面，从而切断尾水；一般在主轴工作密封检修时投入使用。

低压气系统主要有以下两个作用：

（1）机组制动用气：机组停机时向风闸制动腔供气，通过制动闸板与转子抗磨板的摩擦加快机组停机。

（2）机组检修维护用气：主要用于风动工具用气。

三、中低压气系统设计原则

（一）中压气系统设计原则

目前，国产油压装置的额定油压多为 4.0MPa 和 6.3MPa。抽蓄电站中压气系统一般工作压力为 7～8MPa，其设计应满足以下原则：

（1）每台水泵水轮机配置压水用储气罐，其容积应满足空气压缩机不补气情况下，储气罐气压从正常工作压力下限开始至允许最低压力之间，能够完成不少于 2 次压低水面操作。

（2）压水用储气罐的允许最低压力比尾水管的最大压力高 0.3MPa 以上。

（3）增设平衡气罐便于空气压缩机运行控制，增加备用容积，有利于安全。

（4）机组主轴检修密封用气一般工作压力为 1.5MPa，由中压气系统减压供气或低压空气压缩机及储气罐供气。

（二）低压气系统设计原则

抽蓄电站低压气系统的工作压力一般为 0.6～0.8MPa。抽蓄电站低压气系统一般采用集中供气方式，单独设置低压空气压缩机，制动用气和检修维护用气各单独设置储气罐，制动用气储气罐需满足 2 台机组同时制动；为保证制动用气的可靠性，检修维护用气储气罐作为制动储气罐的备用罐，气罐之间用单向阀联络。

四、气系统的组成

中低压气系统均由空气压缩机、安全阀、隔离阀、供气管路、储气罐及一些辅助设备组成。接下来重点介绍空气压缩机、安全阀和储气罐。

（一）空气压缩机介绍

1. 空气压缩机的定义

空气压缩机是将自由状态下的空气进行压缩的机器，流经机组中分离器与过滤器后，脱除了含在压缩空气中的水、油分和杂质，使排出的气体清洁、无味，是安全可靠的中、低压气源供给系统。空气压缩机主要由压缩部件、动力传输机构、润滑冷却系统、控制保护系统、动力系统五部分组成。

2. 空气压缩机的分类

抽蓄电站一般多采用活塞式空气压缩机和螺杆式空气压缩机。

（1）活塞式空气压缩机由压缩主机、冷却系统、调节系统、润滑系统、安全阀、电动机及控制设备组成。压缩机主机及电动机用螺栓固定在机座上，机座用地脚螺栓固定在基础上。活塞式空气压缩机工作原理分为四个步骤。

1）吸气：电动机带动曲柄运动，通过连杆、十字头的传递作用带动活塞从缸体左端向右端运动，气缸左腔体积逐渐增大，压力降低，当压力低于外界大气压力时，外界空气推开吸气阀进入气缸，直至气缸充满。

2）压缩：活塞开始返回运动，吸气阀关闭，随着活塞的运动，气缸体积逐渐减少，空气被压缩，压力逐渐增大。

3）排气：当气缸内的空气增大到排气压力时，排气阀打开，压缩气体经排气阀进入排气管或压力容器。

4）膨胀：当活塞再次向右运动，残留于气缸内的压缩空气容积逐渐膨胀，压力随之下降，当略低于外界压力时，气缸开始吸气。

活塞式空气压缩机工作原理图如图 2-1-1 所示。

活塞式空气压缩机的优缺点。优点：① 因为有气阀的控制，所以压力更稳定，其可达到的压力范围非常宽；② 排气量可在较广范围内进行调整和选择；③ 中间可增设冷却系统，降低排气温度或工作温度；④ 在一般的压力范围内，对其支撑材质要求较低，通常采用普通的钢铁材料；

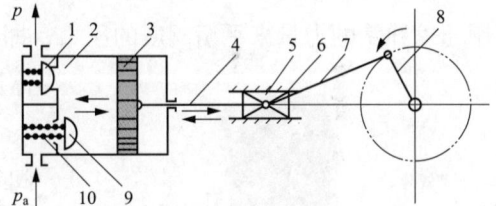

图 2-1-1　活塞式空气压缩机工作原理图
1—排气阀；2—气缸；3—活塞；4—活塞杆；
5、6—十字头与滑道；7—连杆；8—曲柄；
9—吸气阀；10—弹簧

⑤ 驱动机型选择比较简单，大都采用电动机，一般不进行调速。缺点：① 结构复杂笨重，易损件较多，特别是活塞环等摩擦部件；② 运行环境苛刻，维护工作量大；③ 动平衡较差，运转时会产生较大的振动；④ 排气连续但不均匀，气流有脉动现象，容易引起管道振动。

（2）螺杆式空气压缩机由螺杆主机、电动机、油气分离桶、冷却系统、空气调节系统、安全阀及控制系统等组成。整机装在一个箱体内，自成一体，直接放在平整的水泥地面上即可，无需用地脚螺栓固定在基础上。

螺杆式空气压缩机的优缺点。优点：① 体积、质量、占地面积以及排气脉动远比活塞式压缩机小；② 没有往复运动零部件，运转可靠、使用寿命较长，不存在不平衡惯性力；③ 螺杆空气压缩机具有强制输出的特点，排气量不受排气压力的影响；④ 螺杆式空气压缩机效率高。缺点：噪声大，必须采取消声、减噪措施。

3. 空气压缩机的配置原则

空气压缩机的配置原则应遵循安全性和可靠性两个方面，如下：

安全性配置原则：① 防止空气压缩机长时间补气，造成压力容器超压运行；② 防止多台空气压缩机同时启动，导致厂用电电压异常，应逐台间隔启动空气压缩机。

可靠性配置原则：① 空气压缩机应冗余配置，互为备用；② 空气压缩机启动优先级应按照空气压缩机累计运行时间或启动次数进行自动轮换；③ 如有单台空气压缩机退出运行，应不影响其他空气压缩机自动轮换控制；④ 每台空气压缩机分别设置控制选择开关（手动/自动）和启动/停止控制按钮，宜设置紧急停机操作按钮，手动控制回路应采用硬布线方式；⑤ 控制系统宜采用单独的 PLC 控制，控制电源应采用双回路冗余配置。

（二）安全阀介绍

由于压力容器具有爆炸危险性，特别是易燃易爆或高压容器，一旦发生事故将造成重大损失，因此，安全阀的作用非常重要。安全阀是一种安全保护用阀，是一种自动泄压阀门，安全阀的启闭件受外力作用（弹簧）保持关闭状态，当气罐或管道内的介质压力升高，超过规定安全值时自动开启以防止管道或设备内介质压力超过规定安全值，当压力恢复正常后，阀门自行关闭并阻止介质继续排出。

安全阀按结构不同可分为弹簧式、重锤式、杆式和先导式四种。其中，弹簧式安全阀利用压缩弹簧的力量来平衡阀瓣的压力，即气罐内部的压力，并使其密封的安全阀，水电站气体压力容器使用较多。

弹簧式安全阀由阀体、阀座、密封面、定位环、阀瓣、垫片、弹簧座、阀盖、弹簧、弹簧座、传动杆、调节螺钉、护罩和铅封组成。弹簧式安全阀的结构如图 2-1-2 所示。

弹簧式安全阀的工作原理：弹簧压力大于介质作用于阀芯的正常压力，阀芯处于关闭状态，当罐内介质压力超过允许压力，弹簧受到压缩，使阀芯离开阀座，阀门自动开启，介质从压力容器中排出，容器压力下降；当压力回到正常值时，弹簧压力降阀芯推向阀座，阀门自动关闭。

（三）储气罐介绍

储气罐的作用有三个：① 避免空气压缩机的频繁加载卸载问题，起到节能效果；② 冷却压缩空气，析出水分及杂质；③ 储存气体，提供稳定的气源。

储气罐铭牌一般装设在明显的位置。铭牌应当采

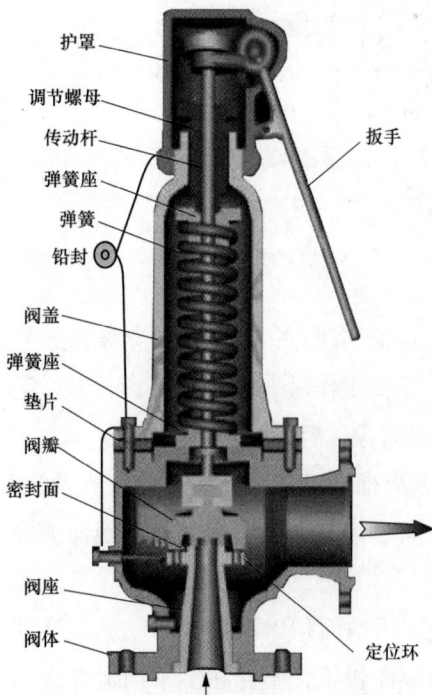

图 2-1-2 弹簧式安全阀的结构

护罩
调节螺母
传动杆
弹簧座
弹簧
铅封
阀盖
弹簧座
垫片
阀瓣
密封面
阀座
阀体
扳手
定位环

用中文和国际单位并至少包括：产品型号、产品编号、产品类别、产品标准、容积、主体材料、制造许可证编号和许可级别、设计压力、耐压实验压力、最高工作压力、设计温度、工作介质、设备代码、制造日期、制造单位名称等。

五、气系统电气控制

（一）气系统控制逻辑

1. 就地控制逻辑

图 2-1-3 所示为单台空气压缩机就地控制流程图，说明如下：

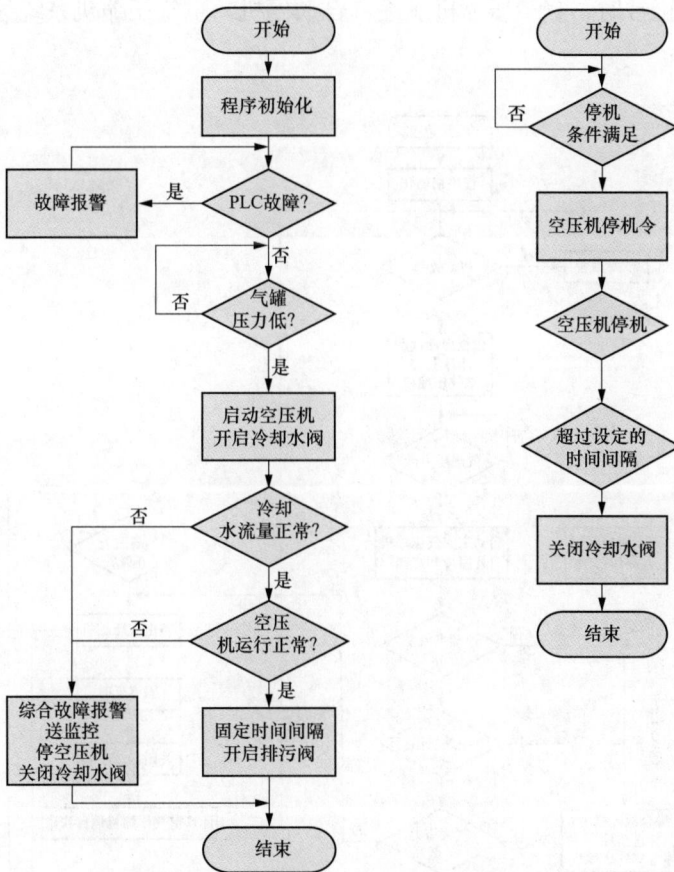

图 2-1-3　单台空气压缩机就地控制流程图

（1）在就地控制方式，通过启停控制按钮实现空气压缩机启动和停止运行。

（2）空气压缩机控制流程：启动条件满足后，打开冷却水阀，主回路接触器动作启动空气压缩机；中间运行过程中，根据设定的时间间隔自动开启排污阀进行排污；停机条件满足后发指令停机；停机后延时关闭冷却水阀。

（3）空气压缩机启动命令发出后，先开冷却水阀，后启空气压缩机；空气压缩机停止后，延时关闭冷却水阀。

（4）冷却水阀打开后，若规定时间内未收到冷却水流量正常信号，判断启机失败。

（5）空气压缩机启动令发出后，若规定的时间内未检测到运行状态信号，判断启机失败。

（6）空气压缩机在自动运行时，应能根据程序设置时间间隔，定期开启各级排污阀自动排污。

2. 远方控制逻辑

空气压缩机系统远方控制流程：当气罐压力下降到压力低信号动作时，空气压缩机应自动启动，若空气压缩机启动失败或运行时报故障，则启动备用空气压缩机，若气压继续下降至压力过低时，处于备用状态的空气压缩机应自动启动，保持多台空气压缩机运行；当气罐压力恢复至压力正常时，空气压缩机应逐台自动停机。空气压缩机系统远方控制流程图如图 2-1-4 所示。

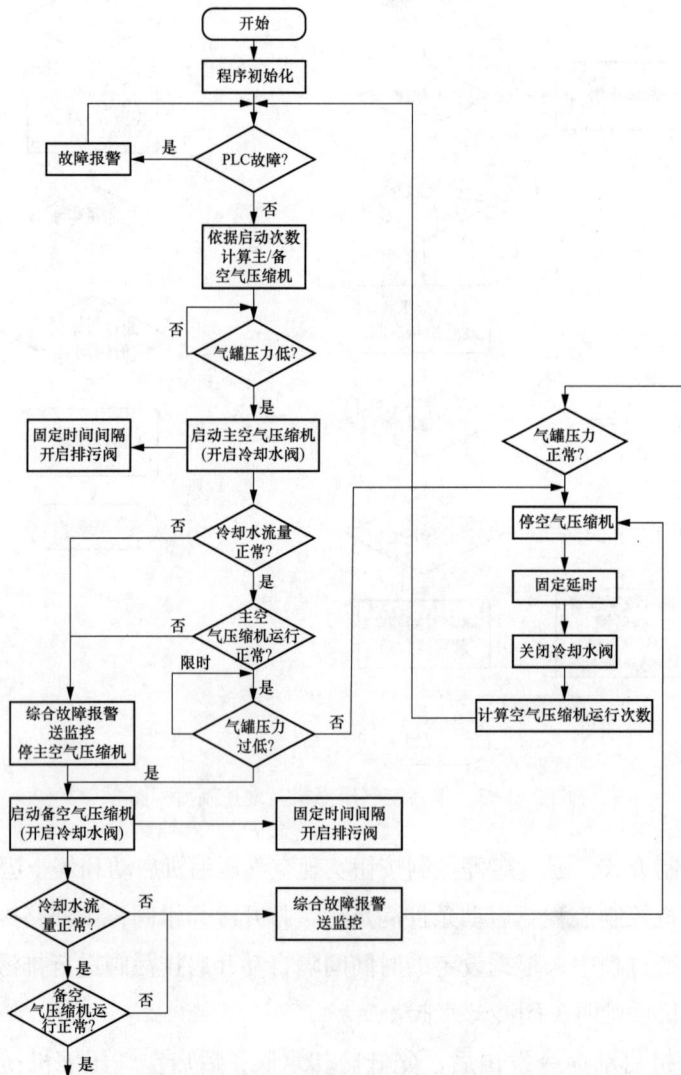

图 2-1-4　空气压缩机系统远方控制流程图

（二）气机启停控制

厂内中压压气装置的中压空气压缩机自动操作接线图如图 2-1-5 所示。图 2-1-5 中画出了 2 号中压空气压缩机的直流控制部分。中压空气压缩机的自动控制可通过可编程控制器（PLC）控制，其自动控制分析如下：

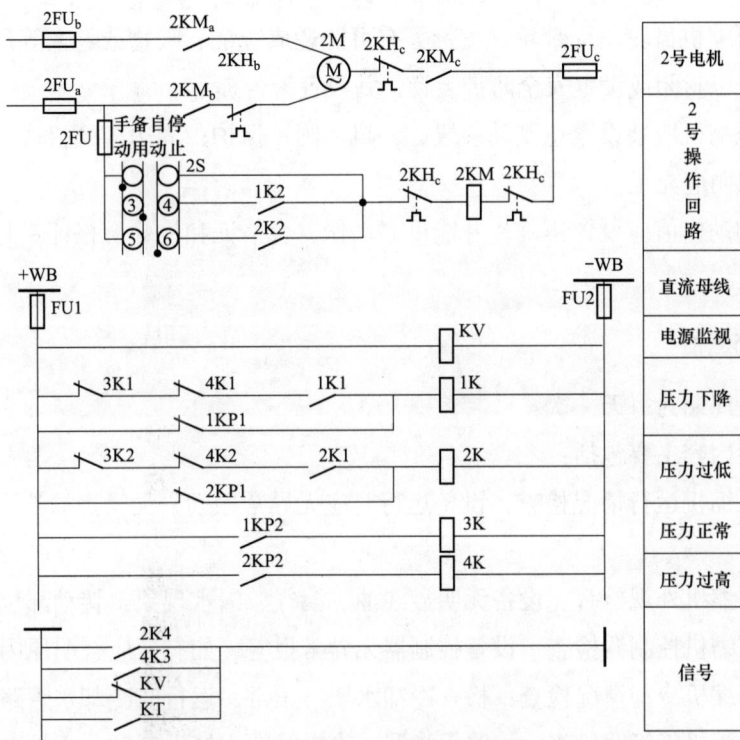

图 2-1-5　中压空气压缩机自动操作接线图

当储气罐压力下降（空气压缩机启动压力）信号点位动作时，1KP1 闭合，使中间继电器 1K 得电，其触点 1K1 闭合自保持，而触点 1K2 闭合则使电动机启动；当压力正常信号点位动作时，触点 1KP2 断开，使中间继电器 3K 失电，触点 3K1 打开，中间继电器 1K 失电，触点 1K2 打开，中压空气压缩机停止。若储气罐压力过低信号点位动作时，则触点 2KP1 闭合，中间继电器 4K 得电启动备用中压空气压缩机，发报警信号，其余动作过程和自动操作一样。

第二节　气系统运行

一、运行规定

运行规定如下：

（1）值守人员对空气压缩机的状态、报警信息等进行监视，若发现空气压缩机不在备用或有故障报警、频繁启停等现象应通知值长；对于存在缺陷且无法及时处理的空气压缩机或冗余配置中一台空气压缩机故障的，在机组运行时要加强关注并且做好事故预想。

（2）空气压缩机应根据气罐的压力自动启动和停止，气罐压力过低或过高应报警。

（3）空气压缩机的操作电源盘柜和控制盘柜应采用双路供电，电源满足要求，空气压缩机自启停功能正常，无告警，远方监控信息与就地监控信息一致。

（4）空气压缩机齿轮、皮带轮、皮带等有可能造成缠绕、吸物或卷人等危险的运动部件和传动装置应予以封闭或设置安全防护装置，并设置警告提示。

（5）空气压缩机应装设紧急制动装置，一机一闸一保护；周边应画警戒线，工作场所应设人行通道，照明应充足。

（6）安全阀动作值应设置正确，并能可靠动作，合格证和检验合格证铅封应完整，标示牌清楚完好。

二、气系统巡检

气系统巡检周期为每天一次。

气系统巡检内容主要包括：

（1）空气压缩机运行情况检查：设备运行时应无异常振动、无噪声异响，压力表、温度表应指示正常等。

（2）空气压缩机外观检查：设备无明显漏油、漏气、漏水现象，转动部位防护罩完好。

（3）空气压缩机控制器检查：设备控制器无异常报警，如有，应查明原因及时处理。

（4）空气压缩机冷却情况检查：检查冷却水压力正常，运行时冷却水管路无异常振动。

（5）空气压缩机气管路检查：管路无渗漏；支撑管夹完好无断裂、无松动。

（6）压力容器外观检查：外表无腐蚀、结露现象；容器运行稳定，与相邻管道、构件间无异常振动、声响；工作压力正常，未超压；压力管道、阀门正常，无变形、锈蚀、泄漏；液位计液位显示正常；检查登记标志和定期检验标志妥善粘贴在设备显著位置。

三、气系统操作

（一）手动启停机操作

1. 中压空气压缩机手动开机操作

（1）检查空气压缩机出气阀在"打开"位置。

（2）检查空气压缩机无异常告警信号。

（3）将空气压缩机控制方式切至"手动"位置。

（4）检查空气压缩机冷却水进口隔离阀和出口隔离阀在打开位置。

（5）按下空气压缩机动力盘上投冷却水按钮，检查冷却水进口电动阀开启，冷却水投入。

（6）按下卸荷阀开按钮，监视卸荷阀开启正常。

（7）按下启动按钮启动中压空气压缩机。

（8）空气压缩机运行平稳后，松开卸载按钮，使空气压缩机由空载转负载运行。

2. 中压空气压缩机手动停机

（1）按下卸载按钮使空气压缩机由负载转空载运行。

（2）按下停机按钮，空气压缩机停止运行。

（3）按下停冷却水按钮，冷却水进口电动阀全关。

3. 中压空气压缩机紧急停机操作

按中压空气压缩机控制盘上"紧急停机"按钮或者将机组控制方式按钮切至"切除"位置。

4. 低压空气压缩机手动开启

（1）将低压空气压缩机控制柜上的控制方式选择开关置"就地"位置。

（2）按"启动"按钮启动低压空气压缩机。

5. 低压空气压缩机手动停机

（1）按"停止"按钮停低压空气压缩机。

（2）将低压空气压缩机控制方式切至"自动"位置。

（二）空气压缩机隔离操作

1. 停电

（1）检查空气压缩机在"停运"状态。

（2）将空气压缩机控制方式切至"切除"位置。

（3）拉开空气压缩机动力电源及控制电源。

2. 隔离

（1）关闭空气压缩机控制用气隔离阀门。

（2）关闭空气压缩机出口阀、检修隔离阀。

（3）关闭空气压缩机冷却水进口隔离阀和出口隔离阀。

3. 泄压

（1）打开空气压缩机排污阀、排气阀，检查空气压缩机各级气缸压力已卸至 0MPa。

（2）打开冷却水供水管路排水阀，检查冷却水供水管路水已排空，压力已卸至 0MPa。

（三）空气压缩机恢复操作

1. 关闭泄压阀门

（1）关闭技术供水管路排水阀。

（2）关闭空气压缩机排污阀、排气阀。

2. 恢复空气压缩机机械措施

（1）打开空气压缩机冷却水进口隔离阀和出口隔离阀。

（2）打开空气压缩机出口阀、检修隔离阀。

（3）打开空气压缩机控制用气隔离阀门。

3. 恢复空气压缩机电气措施

（1）合上空气压缩机控制电源及动力电源。

（2）将空气压缩机控制方式切至"自动"位置。

（四）操作注意事项

（1）阀门操作不得使用蛮力操作，阀芯正面禁止站人。

（2）泄压时人员不得正对压力释放方向。

四、气系统异常情况及处理

（一）气系统异常情况及处理规定

（1）值班人员应立即到现场查明原因及时处理，并将备用空气压缩机投入运行。

（2）空气压缩机出现气压下降警报或手动启动异常时，应检查热元件和保护是否动作，启动回路二次熔断器是否良好，一次熔断器有无熔断。

（3）当发生中压空气压缩机频繁启停，应检查管路是否有漏气或跑气现象，若无则检查是否在进行压力容器建压操作；若因用气过量，则暂停用气，待气压正常后再用气。

（4）当发生气系统压力过高，强制停机报警时，应将故障空气压缩机退出运行，进行处理。

（5）当故障排除后，须按下复位键复位一次。

（6）空气压缩机运行中若电气保护动作，应立即停机，并联系维护处理。

（7）空气压缩机事故停机后，应按如下方法进行处理：

1）将操作把手切至"切除"位置。

2）复归故障信号。

3）开展全面检查，如未发现异常，则手动启动试验；启动异常时通知维护处理。

（8）中压空气压缩机运行中，有下列情况之一者，应立即停止运行，通知维护人员处理：

1）运行中有较大异音，底脚螺钉松动或折断，并剧烈振动。

2）曲轴箱、气缸、阀片有强烈撞击者。

3）电动机冒烟或发出绝缘焦味，电动机断相运行。

4）电动机轴承或卷线发热超过允许值。

5）气扇皮带断裂或联轴器处有杂物。

6）各级气缸压力过高，超过整定值，安全阀失灵。

7）管路损坏造成大量漏气。

8）气缸急剧发热或气缸、缸盖有裂纹。

9）油箱或气缸盖向外冒烟。

10）轴承润滑油压力过低或过高。

11）曲轴润滑油压小于规定值。

12）排污阀排污后不复归。

13）排气温度过高。

14）过电流保护动作。

15）一级、二级、三级压力过大。

16）一级、二级传感器故障。

17）单台泵动力电源故障。

18）控制电源故障。

19）发生强制停泵故障。

20）PLC 故障。

（二）气罐压力低

1. 现象

监控系统有报警"气罐压力低"。

2. 处理原则

（1）在接到"气罐压力低"的报警后，值班人员应在监控系统调用气系统图查看相应气罐压力值，并派人到现场检查。

（2）若气罐压力低，检查空气压缩机是否启动，若空气压缩机未启动，可能是空气压缩机故障，按照空气压缩机故障进行处理；若空气压缩机启动，则检查是否存在管路跑、冒、滴、漏以及异常振动、声音等异常情况，并及时通知维护人员进行处理。

（3）若气罐压力正常，运行人员应检查气罐压力传感器是否正常，若传感器发生故障应及时通知维护人员处理。

（三）空气压缩机电源丢失

1. 现象

（1）监控系统有"空气压缩机电源丢失""空气压缩机故障"等报警信息。

（2）就地控制盘上"电气故障""电源丢失"指示灯亮。

（3）空气压缩机停机。

2. 处理原则

（1）检查电源回路是否有开关跳闸，若有跳闸且无其他异常情况，报告值长，经值长同意后合上开关，检查空气压缩机供电是否正常；若再次跳开通知维护人员处理。

（2）若厂用电供电开关及现场检查盘柜内开关均未跳闸，报告值长，通知维护人员检查信号回路。

（四）空气压缩机润滑油压力低

1. 现象

空气压缩机运行时，监控系统有报警"空气压缩机润滑油压力低"。

2. 处理原则

（1）就地将空气压缩机控制方式切至"手动"位置将空气压缩机停机，检查空气压缩机润滑油位是否低。

（2）若润滑油油位低，检查是否存在跑、冒、滴、漏现象，如无明显异常，加润滑油至正常液位。

（3）若润滑油油位正常，通知维护人员检查信号回路。

（五）空气压缩机排气压力高

1. 现象

监控系统上有"空气压缩机排气压力高"报警信号。

2. 处理原则

（1）运行人员到现场将空气压缩机停机，检查空气压缩机气缸压力、空气压缩机出口阀门管路状态是否正常。

（2）若空气压缩机气缸压力、空气压缩机出口阀门管路状态正常，通知维护人员检查信号回路。

第三节　气系统检修

一、气系统日常维护

定期检查维护：

（1）空气压缩机定期维护主要是在设备退出备用后，对设备进行全面细致的检查维护，特别是完成在设备不退备情况下无法进行的维护保养工作，原则上每3个月进行1次。

（2）每月对气罐进行1次月度检查，并且应当记录检查情况；当年度检查与月度检查时间重合时，可不再进行月度检查。月度检查内容主要为压力容器本体及其安全附件、装卸附件、安全保护装置、附属仪器仪表是否完好，各密封面有无泄漏，以及其他异常情况等。

（3）每年对气罐进行1次年度检查，年度检查工作完成后，应当进行压力容器使用安全状况分析，并且对年度检查中发现的隐患及时消除。年度检查工作可以由压力容器使用单位安全管理人员组织经过专业培训的作业人员进行，也可以委托有资质的特种设备检验机构进行。

（4）空气压缩机及压力气罐定期检查维护的具体内容为：气罐安全管理情况、气罐本体及其运行状况和气罐安全附件检查检验等；空气压缩机压力表检定，安全阀检验。

二、气系统检修

（一）维护保养

（1）空气压缩机维护保养的主要内容：检查调整皮带松紧度；检查清理一级、二级、三级排污电磁阀，清理汽水分离器电磁阀；检查油位并更换吸油滤芯、油滤芯及其润滑油；更换空气滤芯；检查冷却水示流信号计；检查油压开关，检查一级、二级、三级安全阀、气压压力表以及油压表；检查一级、二级放空阀消声器；检查机器本体各处螺栓；检查处理机器本体各处渗水漏气；检查电动机侧绝缘及润滑油脂（必要时添加）；检查皮带轮、空气压缩机支撑座和支撑螺栓。

（2）空气压缩机维护保养周期为3个月。

（二）小修

（1）空气压缩机小修的主要内容在日常维护保养的基础上增加：校验一级、二级、三级安全阀、气压压力表以及油压表；检查拆解清理一级、二级、三级进气、排气阀；更换一级、二级、三级进气、排气阀阀盖密封圈。

（2）空气压缩机小修周期为2～3年，可依据设备情况进行调整。

（三）大修

（1）空气压缩机大修的主要内容：在小修的基础上增加：更换一级、二级、三级活塞环；更换一级、二级、三级气缸压盖螺栓；检查清理一级、二级、三级冷却器并更换密封；更换一级、二级、三级气缸盖封水封气密封；更换一级、二级、三级气管路密封垫；更换一、二封气填料，更换封油填料；更换一级、二级、三级支撑环，检查研磨汽缸；更换皮带；更换控制气管路及其膜片；更换三级气缸排气出口高压软管；二级气缸进气管路法兰盘螺栓。

（2）空气压缩机大修周期为4～5年，可依据设备情况进行调整。

（四）压力气罐定期检验

（1）气罐应当在定期检验有效期届满的1个月以前，向特种设备检验机构提出定期检验申请，并且做好定期检验相关的准备工作。

（2）达到设计使用年限的气罐（未规定设计使用年限，但是使用超过20年的压力容器视为达到设计使用年限），如果要继续使用，使用单位应当委托有检验资质的特种设备检验机构参照定期检验的有关规定对其进行检验，必要时按照TSG 21《固定式压力容器安全技术监察规程》的相关要求进行安全评估（合于使用评价），经过使用单位主要负责人批准后，办理使用登记证书变更，方可继续使用。

（3）气罐一般于投用后3年内进行首次定期检验。以后的检验周期由检验机构根据压力容器的安全状况等级，按照以下要求确定：

1）安全状况等级为1、2级的，一般每6年检验一次。

2）安全状况等级为3级的，一般每3～6年检验一次。

3）安全状况等级为4级的，监控使用，其检验周期由检验机构确定，累计监控使用时间不得超过3年，在监控使用期间，使用单位应当采取有效的监控措施。

4）安全状况等级为5级的，应当对缺陷进行处理，否则不得继续使用。

（4）气罐的定期检验项目，以宏观检验、壁厚测定、表面缺陷检测、安全附件检验为主，必要时增加埋藏缺陷检测、材料分析、密封紧固件检验、强度校核、耐压试验、泄漏试验等项目；设计文件对压力容器定期检验项目、方法和要求有专门规定的，还应当按其规定检验。

（5）定期检验过程中，公司或者检验机构对压力容器的安全状况有怀疑时，应当进行耐压试验。

（6）气罐拟停用 1 年以上的，应当采取有效的保护措施，并且设置停用标志，在停用后 30 日内填写"特种设备停用报废注销登记表"，告知登记机关。重新启用时，使用单位应当进行自行检查，到使用登记机关办理启用手续；超过定期检验有效期的，应当按照定期检验的有关要求进行检验。

（7）压力气罐定期检验的具体内容：气罐宏观检验；气罐壁厚测定；气罐表面缺陷检测；气罐安全附件检验；气罐其他检验项目。

三、气系统典型案例

（一）检修时未泄压开启压力容器人孔门

（1）事故情况：某电厂检修人员走错间隔，在未核实压力容器是否已泄压的情况下打开人孔门，造成压力伤人。

（2）应对措施：

1）在进人孔门前（连接螺栓附近）放置固定式的安全警示提醒标志。

2）在检修作业指导书中设停工待检点。

3）开启压力容器人孔门作业须设置专责监护人，工作前确认压力确实已泄为 0MPa。

4）增加机械钥匙的闭锁方式，防止误开启压力容器人孔门，机械钥匙应纳入一类钥匙管理。

5）压气罐应选用内开型人孔门结构形式的压力容器。

（二）压力容器安全阀动作

（1）现象：压力容器安全阀动作。

（2）处理原则：

1）就地检查压力容器本体压力是否正常，判断是否由于压力异常升高导致安全阀动作。

2）就地检查安全阀整定压力是否正确，判断是否由于安全阀整定压力错误导致安全阀动作。

思 考 题

1. 气系统压力等级分别是多少？

2. 简述中压气系统主要的三个作用。

3. 气系统的组成有哪些？

4. 储气罐的作用是什么？

5. 空气压缩机的巡检周期是多长？主要检查内容有哪些？

6. "气罐压力低"的主要原因是什么，怎么处置？

7. 简述压力气罐定期检验内容和周期。

8. 请分析压力容器安全阀动作的原因。

第三章　水系统运检

本章概述

　　水系统包含供水系统和排水系统，供水系统的主要作用是对抽水蓄能电厂中的各种机电设备进行冷却、润滑及水压操作，排水系统的作用是及时可靠地排除生产废水、机组过水部分的积水、厂房内生活污水和渗漏水，保证水电站设备的正常运行和厂房水下部分的检修。本章主要对水系统的组成及作用、运行操作、维护检修、故障应急处置及常见典型故障案例进行详细介绍，用于指导初学者了解设备的基础知识，掌握相关技能，以便快速适应岗位。

学习目标

学习目标	
知识目标	1. 对水系统有初步的认识和了解。 2. 知道水系统组成及作用等。 3. 知道水系统巡检主要内容、周期及注意事项等。 4. 知道水系统隔离操作要点及常见故障处置方法。 5. 知道水系统检修的等级、项目、周期、工艺工序及注意事项等。 6. 了解水系统典型案例的故障现象、原因分析及处理过程。
技能目标	1. 掌握水系统常见运行操作、日常巡检、事故处置等相关运行技能。 2. 掌握水系统检修内容、周期及主要工序等维护技能。

第一节　水 系 统 概 述

一、供水系统的作用与组成

　　抽水蓄能电厂的供水系统包括技术供水和公用供水。其中，技术供水系统是为抽水蓄能电厂中的发电电动机及水泵水轮机的运行提供冷却、润滑用水等所设置的供水系统；公用供水系统是为全厂公用设备提供冷却、润滑水及消防用水等所设置的供水系统。

　　（一）供水系统的作用

　　1. 技术供水系统的作用

　　技术供水系统的主要作用是对抽水蓄能电厂中的各种机电设备进行冷却、润滑及水压操作（如射流泵、高水头电站的主阀等）。

（1）冷却：机组、变压器等设备运行时产生的热量必须及时散发出去，使各设备维持在要求的温度范围之内，以保证设备的安全运行。

（2）润滑：为减少水泵水轮机主轴密封中工作密封与转动主轴之间的摩擦，可用水作为润滑剂，同时对设备起密封、冷却作用。

（3）水压操作：使用压力水操作液压阀门和射流泵。

2. 公用供水系统的作用

公用供水系统主要是向主变压器冷却系统（主变压器空载运行时）、空气压缩机冷却系统、静止变频器冷却系统、厂内空调及通风系统等提供冷却水，向厂房、发电机、变压器、油库等消防提供消防用水，同时向水电站生产区域提供生活、清洁用水等。

（二）供水系统的组成

抽水蓄能电厂的供水系统一般由水源、取水和净化设备，管网，测量控制元件，用水设备等组成。

1. 水源、取水和净化设备

取水设备从水源（如上水库、尾水管、下水库等）取水，经水处理设备（如拦污栅、滤水器等）净化，使所取的水符合用水设备对水量、水压、水温和水质的要求。

（1）水源及取水方式。供水系统的水源包含上游水库、下游尾水、地下水，相对应的取水方式为上游水库取水（包含坝前取水、压力钢管取水、蜗壳取水）、下游尾水取水、地下水取水。

抽水蓄能电站的供水系统一般采用下游尾水取水方式。少部分电厂因工作水头不高或者根据电厂的实际情况，其供水系统主水源、主轴密封润滑冷却水、上下迷宫环冷却水等从压力钢管取水。供水系统除主水源外，还应有可靠的备用水源，防止因供水中断而停机，其备用水源取自全厂公用供水总管。

（2）净化设备。

1）除污物。除污物的净化设备包含拦污栅和滤水器。

a. 拦污栅。拦污栅用以阻拦较大的悬浮物。

b. 滤水器。为保证水中的杂质不会损坏设备，常在每个取水口后面装置滤水器，用来清除水中的悬浮物。按滤网的形式滤水器可分为固定式和旋转式两种。

2）除泥沙。除泥沙的净化设备为水力旋流器。

有些机电设备对水质要求较高，为此需要过滤能力比较强的设备：水力旋流器。其工作原理是利用离心力来分离泥沙。

2. 管网

管网由取水干管、支管、管路附件等组成，将从水源引来的水流分配到各个用水设备。其中，取水干管直径较大，把水引到厂内用水区；取水支管直径比较小，把水从干管引向用水设备；取水管路附件包括弯头、法兰、三通阀等，是管网不可缺少的组成部分。

3. 测量控制元件

测量控制元件是用以监视、控制和操作供水系统的设备，包含监视元件和控制元件。

（1）监视元件是对供水的压力、流量、温度和管道中水流的流动情况等进行量测和监视的设备（如压力表、温度计、示流信号器等）。

（2）控制元件是根据运行要求对供水系统有关设备进行操作与控制的设备（如手动阀门、电动阀门、电磁阀等）。

4. 供水对象（用水设备）

（1）供水系统的供水对象。抽水蓄能电站供水系统的供水对象包括发电电动机空气冷却器供水、推力轴承及导轴承油冷却器供水、主变压器负载冷却供水、上下迷宫环冷却供水、主轴密封润滑供水等。

1）发电电动机冷却用水。发电电动机在运行过程中的电磁损耗与机械损耗会转化成热量，使铁芯和线圈绕组发热，不仅影响发电电动机的效率和功率，而且还会因局部过热损坏绕组的绝缘，缩短发电电动机的寿命，严重时损坏发电电动机。

发电电动机冷却方式有两种：密闭式通风或外加风机冷却。

a. 密闭式通风方式利用转子端部装设的风扇（若无风扇，则利用转子轮辐旋转产生的风压）强迫空气流动，冷空气通过转子铁芯，经过定子铁芯通风沟排出，吸收发电电动机绕组和铁芯等处的热量成热空气，排出的热空气再经设置在发电电动机定子外围的空气冷却器冷却，冷却后重新进入发电机内循环工作。

b. 外加风机冷却的方式利用外加高速风机分别从发电电动机上端和下端往机内送风，空气轴向流过气隙，径向流过磁轭及定子铁芯通风道，被升温后的空气经水冷却器冷却后流出机外，循环回风机。

2）推力轴承及导轴承冷却器。机组运行时轴承处产生的机械摩擦损失以热能的形式积聚集在轴承中，而轴承浸在汽轮机油中，使得汽轮机油的温度升高，油温过高会加速油的劣化，也会影响轴承的寿命及机组的安全运行。

轴承油槽内油的冷却方式有两种：内部冷却和外部冷却。其中，内部冷却是将冷却器放在油槽内，通过冷却器中水的流动将热量吸收并带走；外部冷却是用油泵将汽轮机油抽到外面的专用油槽中，利用冷却器冷却后，将汽轮机油送回各轴承油槽中。

3）主变压器冷却器（负载）。抽水蓄能电站的主变压器冷却方式采用水冷式，包含内部水冷式和外部水冷式。其中，内部水冷式变压器的冷却器装设在变压器的绝缘油箱内，用水来冷却绝缘油；外部水冷式变压器又为强迫油循环水冷式，利用油泵将变压器油箱中的油送至专用设备中进行冷却。

（2）公用供水系统的供水对象。抽水蓄能电站供水系统的供水对象包括技术供水所需的备用水源、厂内空调和通风系统冷却水、厂内消防用水、主变压器空载冷却水、发电电动机消防用水、主变压器及 SFC 输入/输出变消防供水、空气压缩机及 SFC 冷却水、厂内生活用水及压力钢管充水水源。

1）主变压器空载冷却水供水系统。主变压器空载情况下的冷却水一般由空载冷却水系统供给，空载冷却水系统是在公用供水系统上专门设置的独立的控制系统，该系统一般由水泵、电动机、滤水器、管路、阀门、表记、控制设备等组成，经空载冷却水泵将公共供水总管的水打压后送至主变压器本体的冷却器，实现与主变压器内部绝缘油的热交换后再经供水系统排水口排出。供水泵一般采用主备用结构配置，容量按主变压器实际需要选择，确保主变压器空载能够满足主变压器的温升控制要求。主变压器由空载转负载运行时，控制回路应自动关闭主变压器空载供水电动阀，改由机组技术供水单元供水。

2）空气压缩机冷却器。气系统的空气压缩机在运行时，空气被压缩时会产生大量的热，这些热量可使空气压缩机的活塞和缸体的温度迅速升高，为了降低压缩空气的温度，保障空气压缩机不受损坏，提高其工作效率，防止润滑油因高温而在气缸内产生积炭或使润滑油分解，需要对空气压缩机的气缸进行冷却。空气压缩机的冷却方式有水冷式和风冷式。

3）消防水供水系统。抽水蓄能电站一般为地下式厂房，其消防水源的可靠性尤为重要，厂房消防水在公用供水总管上布置两个取水口，每个取水口后安装有全自动滤水器，可根据需要安装减压阀，两个取水口之后是一个连通整体系统。

发电电动机消防水、主变压器及 SFC 消防水等取自自身的公用供水总管，通常设有单独的取水口，当发电电动机消防、主变压器及 SFC 消防启动后将提供可靠的消防水源。

（3）用水设备对水质的要求。用水设备对水量、水质、水压、水温有一定的要求，总的原则是水量足够、水压合适、水质良好、水温适当。

（4）主要设备。供水系统一般含有水泵、过滤器、减压和增压装置、管路安全装置等主要设备。

1）水泵。水泵的作用是将水加压后输送到各个用户，保证水压和水流量，常用卧式离心泵。为确保供水可靠，配置两台水泵互为主备用。

2）过滤装置。为保证水中的杂质不会损坏设备，常在每个取水口后面装置滤水器，对用水水质要求比较高的设备还要在其进口前加设滤水装置。常用的过滤装置有过滤能力较好的水力旋流器、高精度的过滤器。

3）减压、增压装置。为了使水压达到各用户的要求，保证设备安全正常地运行，在用水设备前按设备的承压能力增加减压或增压装置。其中，减压装置通常使用减压阀、减压环管等；增压装置通常使用增压泵等。

4）管路安全装置。为了防止管路因水锤效应、瞬时水击等情况而爆管，造成水淹厂房等重大事故的发生，通常在较长且落差较大的管路上安装管路安全装置来保证管路的安全。常用的管路安全装置有压力缓冲罐、压力安全阀、止回阀等。

（三）供水系统的供水方式

通常，供水方式按水电厂的水头、水源类型、机组容量等条件确定。供水方式包含自流供水、水泵供水、混合供水及其他。

抽水蓄能电站供水系统一般取自下游尾水，下游水位往往高于机组中心高程数十米，因供水系统的用水需排至下游尾水，需要克服下库的静水压力，一般采用水泵加压的方式来实现；而公用供水系统中除了主变压器（空载）用水外，自流供水的水压就可以满足其他用户的要求，所以公用供水系统供水方式采用自流供水的方式。

（四）供水系统的布置

供水系统的布置方式有集中供水、单元供水、分组供水。

抽水蓄能电厂供水系统常采用单元供水的方式，每台机组自设取水口、设备和管道，自成系统，独立运行。每台机组设有两台并列布置的供水泵和两台自动过滤器，两台水泵互为主备用。供水泵常采用卧式离心泵。

抽水蓄能电厂公用供水系统采用集中供水的方式，由一个或多个公用取水设备取水，再经公用供水总管供给各个用水设备。

二、排水系统的作用与组成

（一）排水系统的作用

抽水蓄能电厂排水系统的作用是及时可靠地排除生产废水、机组过水部分的积水、厂房内生活污水和渗漏水，避免厂房内部积水和潮湿，保证水电站设备的正常运行和厂房水下部分的检修。

（二）排水系统的组成

排水系统由生产用水的排水、检修排水和渗漏排水等部分组成。由于抽水蓄能电厂生产用水的排水包括发电电动机空气冷却器、机组推力轴承及导轴承冷却器的冷却水等，这类排水的特征是排水量较大，设备位置较高，能靠自流即可排至尾水，一般将这部分排水归于供水系统中考虑，而不列入排水系统。因此，常说的排水系统指的是检修排水系统和渗漏排水系统。无论是检修排水系统还是渗漏排水系统，一般由排水泵、排水管道、控制阀门以及排水泵的控制设备等组成。

1. 检修排水系统

（1）检修排水系统的定义与任务。水轮机检修时，排除蜗壳和尾水管内积水的系统通常称为检修排水系统。检修排水系统的任务是保证机组过水部分和厂房水下部分的检修。

（2）检修排水的来源。当机组水下部分或厂房水工建筑物水下部分检修时，必须将低于下游尾水位的压力引水管道（包括引水隧洞和压力钢管）中的积水、蜗壳积水和尾水管的积水抽排干净，同时还要考虑抽排上下游闸门因密封不严而产生的漏水等。抽水蓄能电站的检修排水包括引水隧洞排水、球阀排水、蜗壳排水、尾水管排水、尾水隧道及其他设备的检修排水。

（3）检修排水的特点。检修排水的特点是排水量大，设备位置低，抽水蓄能电厂一般采用水泵排水，为了缩短或保证机组的检修工期，排水时间应短，同时要注意上下游闸门的漏水量，选择足够容量的水泵，避免由于水泵容量过小，造成排水时间过长甚至抽不干积水的不良后果。检修排水方式应可靠，防止尾水通过排水系统中的某些缺陷倒灌进入厂房，造成水淹厂房的事故。检修排水属于临时性工作，通常采用手动控制。

（4）检修排水泵。抽水蓄能电站常用的检修排水泵类型为立式深井泵、卧式离心泵、立式离心泵。电站可为每台机组分别配置一台检修排水泵，检修排水泵的台数不应少于2台。检修排水泵启停一般不设置自动化，辅助检修泵可按水位进行自动操作。

（5）检修排水方式。检修排水有直接排水、间接排水、分段排水和移动水泵排水。其中，直接排水是将机组检修时的积水通过检修排水泵直接抽排至厂外；间接排水是将检修积水先排至检修集水井，再用水泵排出；分段排水是根据不同管路的排水速率要求进行分阶段的排水；移动水泵排水是采用外加移动水泵的方式将特定区域的积水排空。考虑到抽水蓄能厂房为地下厂房，为减小地下厂房的开挖，且从安全的角度考虑，检修排水系统常采用直接排水的方式，将各机组的尾水管与水泵吸水管用管道和阀门连接起来，当机组检修时，由水泵直接将积水排出。

2. 渗漏排水系统

（1）渗漏排水系统的定义与任务。水电站不能自流排除的用水和渗水要集中到集水井，再用水泵排到下游，这个系统称为渗漏排水系统。渗漏排水系统的任务是及时地、可靠地排除生产弃水和渗漏水，避免厂房内部积水和潮湿。

（2）渗漏水的来源。厂区渗漏排水包括机械设备的漏水、厂房下部设备的生产排水、厂房水工建筑物的渗水、低洼处积水、地面排水和厂房生活用水的排水。其中，机械设备的漏水包含水泵水轮机与大轴密封的漏水，压力钢管伸缩节、管道法兰、蜗壳、尾水管进人孔盖板等处的漏水；厂房下部设备的生产排水包含冲洗滤水器的污水、气水分离器及储气罐的排水、水冷空气压缩机的冷却水、空调用水的排水、空气冷却器壁外的冷凝水等。

（3）渗漏排水的特点。渗漏排水的特征是排水量小，不集中且很难用计算方法确定。渗漏排水位置一般较低，不能靠自压排出。渗漏排水系统包含排水廊道、集水井。对于抽水蓄能电站，一般设置集水井将渗漏水收集起来，再用水泵定时将渗漏水排出。定时排渗漏水属于运行人员的日常工作，通常使用自动控制，排水泵需始终处于备用状态，若有两台以上排水泵，控制方式要处于自动或备用位置。

（4）渗漏排水泵。抽水蓄能电站常用的渗漏排水泵类型为立式深井泵、卧式离心泵，也有采用潜水泵的。

渗漏排水泵启动频繁，来水量很难预计，水泵未及时启动，可能会造成水淹厂房事故。渗漏排水系统采用自动控制，渗漏排水系统应设置备用给水泵，集水井应设置集水井水位过低、启主泵水位、集水井水位正常、启备用给水泵水位、集水井水位过高液位开关及液位计，用于控制渗漏排水泵启停，在水位过高时发出报警信号。

（5）渗漏排水的方式。抽水蓄能电厂渗漏排水一般通过排水廊道或排水沟或排水管引至设在厂房最底部的集水井，再用专设的渗漏排水泵排至下游。渗漏排水只要能靠自流排至下游的，应尽量采用自流排水的方式。

3. 水淹厂房保护

抽水蓄能电厂厂房为地下式厂房，电站水头高，引水隧洞长，主厂房位于下水库死水位以下几十米甚至上百米，如发生水淹厂房事故，后果不堪设想。为了保证厂房及设备的安全，专门设置了水淹厂房保护。

水淹厂房保护装置一般在主厂房蜗壳层两侧设置水位传感器，分别用于两套水淹厂房保护，当主厂房蜗壳层内水位淹至一定高度，任一个传感器动作，都将发出报警信号；若水位继续上升时，水位浮子传感器动作延时跳机、相应落尾水事故闸门和上水库闸门。

（三）排水系统的布置

排水系统的布置方式有：渗漏排水和检修排水共用集水井和排水泵的排水系统；渗漏排水和检修排水不完全合一的排水系统（共泵）；渗漏排水和检修排水系统分开的排水系统。

抽水蓄能电站的渗漏排水和检修排水通常分开布置，原因如下：①可避免由于误操作或系统中某些缺陷所引起的水淹厂房事故。②渗漏排水量小，需要的水泵电动机容量小，要求经常运行，而检修排水量大，所需的水泵容量大，只在检修时运行；如果检修水泵作渗漏水泵，在水泵选型参数上很难做到双方兼顾，容易造成参数不合理，运行效率低，运行费用高。③两个排水系统在操作方式和自动化程度上有很大的差别。

三、水泵的分类

抽水蓄能电厂水电站供排水泵常采用离心泵、深井泵和潜水泵。

（一）离心泵

1. 工作原理

在原动机的驱动下，叶轮高速旋转，在叶片间的液体受到叶片的推动，发生旋转产生离心力，在离心力的作用下，产生动能，使液体不断从中心流向四周，甩出的液体首先流入蜗壳中，然后通过排出管排出；当液体从中心流向四周时，在叶轮中心形成低压，在压力的作用下液体经吸入管的入口流入叶轮心，这样离心泵就能连续不断地工作，即一面吸入液体，一面给吸入的液体以适当的能量将吸入液体排出。

2. 离心泵的分类

（1）按照轴上叶轮数目的多少

1）单级泵：轴上只有一个叶轮的离心泵，适用于出口压力不太大的情况。

2）多级泵：轴上不止一个叶轮的离心泵，可以达到较高的压头。离心泵的级数就是指轴上的叶轮数。

（2）按叶轮上吸入口的数目

1）单吸泵：叶轮上只有一个吸入口，适用于输送量不大的情况。

2）双吸泵：叶轮上两个吸入口，适用于输送量很大的情况。

（3）按泵轴位置分

1）卧式离心泵：泵轴位于水平位置。

2）立式离心泵：泵轴位于垂直位置。

3. 离心泵的型号

离心泵产品型号编制通常由四部分组成：第一部分代表泵的吸入口直径，单位为 mm；第二部分代表泵的基本结构及特征，用汉语拼音字母的字首标注，如 D 表示多级、DL 表示立式多级等。第三部分代表泵的扬程和级数，如 30m×7 等。第四部分代表叶轮切割次数，用大写的汉语拼音字母 A、B、C 分别表示叶轮经第一次切割、第二次切割等。

例如：单级双吸卧式离心泵 150S-50：150 为泵吸入口径（单位：mm），50 为扬程（单位：m）。分段式多级离心泵 150D-30×10：150 为泵进口直径（单位：mm），D 为多级，30 为单级扬程（单位：m），10 为泵的级数（单位：级）。

4. 离心泵的工作基础参数

离心泵工作基础参数关键有扬程、流量、转速、功率、效率和许可吸上真空高度。

（1）扬程。扬程是指单位质量水从水泵进口到泵出口所增加能量，用 H 表示，单位为 m^3/s 或 m^3/h。

（2）流量。流量是指水泵在单位时间内抽出液体体积，以 Q 表示，单位为 m^3/s 或 m^3/h。

（3）转速。转速是指泵轴每分钟旋转次数，用 n 表示，单位为 r/min。

（4）功率。功率是指泵在单位时间内所做功大小，用 P 表示，单位为 kW。

1）有功功率。有功功率又称输出功率，是指泵传输给输出液体功率，用 P_u 表示，计算式如下：

$$P_u = \sigma g QH / 1000$$

式中　σ——水的密度（kg/m^3）；

g——重力加速度（$9.81m/s^2$）。

2）轴功率。轴功率又称输入功率，是指泵轴所接收功率，用 P 表示。

（5）效率。泵有效功率与轴功率之比称为水泵效率，用 η 表示。

$$\eta = P_u / P \times 100\%$$

（6）几何安装高度。

1）许可吸上真空高度（H_s）。水泵许可吸上真空度表示水泵不发生空蚀时能够吸上水最大吸上真空度。

2）空蚀余量（NPSH）。空蚀余量是指在泵吸入口处单位质量液体所具有的超过汽化压力的富余能量，单位为 m。

（二）深井泵

1. 工作原理

深井泵是一种从深井中抽水的泵，专门设计用于浸入地下水井中进行抽吸和输送水，多用于电站的排水系统。深井泵的工作原理主要依赖于电动机通过传动轴驱动水泵叶轮旋转，水被吸入并经过叶轮，然后通过导流壳把水依次引向各级叶轮，使水压及流速同时都不断地增加，然后通过扬水管把水排出，从而达到输送水的目的。

2. 泵的分类

按深井泵结构分类：

（1）JC 型深井泵。JC 型深井泵的泵体部分安装在水面以下，电动机安装在井口地面上，适用于不超过 100m 的井深。

（2）QJ 型深井泵（深井潜水泵）。QJ 型深井泵是一种立式导流壳式的泵与连续在水下运行的电机直连成一体的组合机组，适用于从深井提取地下水。

3. 组成部分

（1）泵体。泵体主要由吸水管、叶轮、叶轮轴、导水壳等组成。水泵工作部分由上、中、下三节导水壳和位于中壳体内的一组叶轮和上、下壳体内的橡胶轴承所组成；叶轮数目视其型号和使用时需要的扬程大小来决定，一般可装 6～22 个叶轮。

（2）输水管。输水管部分是输送水流所必须经过的管道部分，主要有传动轴、轴承支架、橡胶轴承及扬水管，运行时橡胶轴承是靠流过的水来进行润滑和冷却的。

（3）泵座和电动机。泵座和电动机部分是由电动机、泵座和出水弯管所组成的。泵座固定在地面的基础上，上与电动机连接，下与输水管部分连接，承受整台水泵的质量；预润滑水管是启动水泵前灌水预先润滑橡胶轴承。

4. 深井泵的型号

深井泵产品型号编制由四部分组成：第一部分代表泵的适用最小井径，单位为 mm；第二部分代表泵的种类，用汉语拼音字母的字首标注，如 JC 表示长轴深井泵；第三部分代表泵的流量，单位为 m^3/h；第四部分代表单级扬程，单位为 m。

例如：长轴深井泵 200JC80-16：200 为适用最小井径（单位：mm），JC 为长轴深井泵，80 为流量（单位：m^3/h），16 为单级扬程（单位：m）。

（三）潜水泵

1. 工作原理

潜水泵是一种将水泵和潜水电机连成一体并潜入水下工作的抽水装置，潜水泵的水泵部分在结构上与叶片泵基本相同；泵轴与电机轴用联轴器连接，水流从吸入口进入，沿四周径向流入水泵，依次流经多个叶轮和导叶，最后从排出段流出泵外。

2. 潜水泵的分类

（1）按水泵与其电机间相对位置的不同：

1）上泵式：水泵位于电机的上部，这种结构有利于减小泵的径向尺寸，多用于井用潜水泵。

2）下泵式：水泵位于电机的下部，输送的水流首先通过包围电机的环形流道，经冷却电机后再流出水泵出口，常用于作业面潜水泵。

（2）按潜水电机的结构特点：

1）干式：这种泵不允许水流进入电机内腔。

2）湿式：这种泵的电机内腔充满清水，以冷却电机绕组及水润滑轴承。

3）充油式：这种泵的电机内腔充满变压器油，以起到绝缘、冷却和润滑作用，并防止水装置及潮气侵入电机内腔。

4）气垫密封式潜水泵：这种泵的电机为干式潜水电机，电机下端有一个气封室，泵潜入吸水池后，气封室内的空气在外界水压力作用下形成气垫，从而阻止水装置流入电机内腔。这种泵仅适用于吸水池的潜水深度不大且比较稳定的场所。

3. 潜水泵的型号

潜水泵产品型号编制由四部分组成。第一部分代表泵的适用最小井径，单位为mm；第二部分代表泵的种类，用汉语拼音字母的字首标注，如QJ表示井用潜水泵；第三部分代表泵的流量，单位为m^3/h。第四部分代表单级扬程，单位为m；第五部分代表泵的扬程和级数，如30/7等。

例如：井用潜水泵200QJ80-55/5：200-适用最小井径200mm，QJ-井用潜水泵，80-流量$80m^3/h$，55/5-总扬程55m/5级叶轮。污水潜水泵50WQ15-25-2.2：50为进口直径（单位：mm），WQ为污水潜水泵，15为流量（单位：m^3/h），25为扬程（单位：m），2.2为功率（单位：kW）。

第二节　水系统运行

一、运行规定

（一）供水系统

机组供水系统的供水方式一般采用单元式供水方式，每单元设有两台并列布置的水泵和两台自动过滤器，供水对象包括发电电动机空气冷却器、下导及推力轴承冷却器、上导轴承冷却器、水导轴承冷却器、调速器系统冷却器、上下迷宫环、主变压器负载冷却系统等。

机组技术供水主用水源取自机组尾水管（尾水管闸门上游侧），备用水源取自全场公用供水总管，机组技术供水各用户的用水排至尾水管（尾水管闸门上游侧）。机组主轴密封润滑冷却水主供水取自机组技术供水总管，备用供水取自机组球阀检修旁通阀后，经减压环管减压后使用。主轴密封冷却水排至尾水管。

正常情况下，机组供水系统控制方式开关在"远方"位置，供水泵控制方式开关在"轮换"位置。试验、调试及其他特殊要求时，用手动模式启动。

（二）公用供水系统

公用供水系统的水源取自尾闸靠下库侧，公用技术供水设有主过滤器，布置在公共取水口处，并通过尾水自流供水总管向全厂公用系统用户供水。供水对象包括1～4号机组技术供水备用水源、厂内空调系统冷却水、消防用水、1～4号主变压器空载冷却水、调相压水气机冷却用水，SFC冷却用水、渗漏泵润滑用水。

正常情况下，全厂公用供水系统持续供水，公用供水过滤器手/自动切换开关置"自动"位置，公用供水总管各隔离阀在全开位置，公用系统供水对象的用水排至渗漏集水井。

（三）检修排水系统

检修排水系统包括高压引水道、机组蜗壳、尾水管、尾水隧道及其他设备的检修排水。检修排水系统正常处于备用状态，机组尾水管检修排水阀全部关闭，盘型阀关闭，机组检修排水总管排水阀处于关闭状态。

当机组检修需要排水时，压力钢管排水通过压力钢管排水阀和压力钢管排水针阀自流排至机组尾水管，球阀排水通过球阀阀体排水阀自流排至机组尾水管，蜗壳排水通过蜗壳排水阀自流排至机组尾水管，尾水管排水通过尾水管排水阀排至检修排水总管；通过检修排水泵，加压后抽至顶层排水廊道，自流到洞外。

检修排水系统正常处于备用状态，检修排水泵的启停采用就地手动方式，"启动"按钮启动相应检修排水泵。

（四）渗漏排水系统

渗漏排水系统的排水主要由地下厂房围岩渗水、机组排水、地漏排水、SFC变频器冷却水、SFC输出变冷却水、高压空气压缩机冷却水、主变压器空载冷却水等组成。

渗漏排水系统一般设有6台渗漏排水泵，渗漏排水泵润滑水一般取自全厂公用供水总管。渗漏排水泵系统控制方式有自动、手动两种控制方式，正常情况下，渗漏排水系统控制方式开关在"自动"位置，由PLC控制启停及主备用轮换，渗漏排水泵将水抽至顶层排水廊道，排至下库泄洪流道。

二、水系统巡检

（一）巡检要求

供排水系统巡检是水电厂值班人员的一项日常工作，通过巡视检查，能够及时发现供排水系统设备的异常及其他一些非正常运行情况，以便及时消除带来的安全隐患，保障供排水系统设备正常运行。

供排水系统巡检分为日常巡检和设备特巡。巡视检查应按规定的内容和巡检线路进行，主要内容是检查泵组类设备及阀门类设备是否存在跑、冒、滴、漏等外部明显缺陷和其他异常情况；就地控制柜类设备运行状态是否正常、控制柜是否存在故障报警信号、设备控制方式的位置开关是否正确、继电器状态是否正常等和其他异常情况；巡视记录设备主要运行参数数据是否正常。厂房外泵组类设备每周进行 1 次巡检，其他设备每天进行 1 次巡检。

供排水系统在发生以下情况时应执行设备特巡：

（1）设备新投运或检修后恢复运行。

（2）本厂同类设备已发生过故障。

（3）泵组存在缺陷而无法及时处理的或冗余配置中的一台泵故障。

（4）阀门及其连接管路在机组新投运或检修后恢复运行的情况。

（5）阀门及其连接管路存在渗漏情况。

（6）阀门及其连接管路存在未处理的缺陷或隐患。

（7）设备运行参数超过规定值。

（二）巡检项目

1. 水泵外观检查

（1）水泵运行时，检查进口、出口差压正常，水泵停止运行时进口、出口压力表指示正常。

（2）检查水泵运行时的声音、振动、温度正常。

（3）检查各连接螺栓、螺母无松动、脱落，水泵轴承油位、油色正常。

（4）检查电动机接地或接地良好，接头处无断股、氧化或变色，风扇转动正常，安装牢固，无破损。

2. 水泵各管路、过滤器检查

（1）检查主备用水泵进、出口阀门全开，测压阀门全开，排污阀在关闭位置，联络阀在全关位置。

（2）检查水泵各连接部位固定良好、无漏水。

（3）检查各管路、阀门正常，压力表指示正常。

（4）检查过滤器两侧差压正常，自动冲洗功能正常，控制柜无过滤器堵塞、电动机无过电流报警信号。

（5）检查各传感器固定良好，外壳无破损。

3. 水泵控制柜检查

（1）检查电流表、电压表指示正常。

（2）检查无任何故障报警信息。

（3）检查各控制开关位置正确。

（4）检查柜内通风、照明良好，加热器工作正常，无异常。

（5）检查柜内各端子排接线牢固，无松动、振动现象。

4. 水泵冷却回路检查

（1）各用户支管管路无破损，阀门位置正确，压力表指示正常，无漏水现象，减压阀、安全阀等工作正常。

（2）检查各传感器、表计工作正常，固定良好、无破裂、无松动、无漏水。

（3）检查各管路、阀门连接良好，阀门位置正确，压力表指示正常，无漏水现象。

5. 检修排水泵运行时检查

（1）检查电源开关、操作把手位置正确。

（2）检查水泵运行电流稳定值不超过额定值，各部接线端部不过热。

（3）检查电气设备及自动装置良好，软启动器工作正常，冷却风机投入，内部无异味。

（4）检查电动机运行正常，无异音，轴承不过热，无剧烈振动。

（5）检查水泵泵体不振动，内部无异音，进口、出口阀门位置正确，排水管水流正常，压力表指示正常。

（6）检查各连接螺丝紧固，无剧烈振动、串动现象。

（7）检查管路上各阀门位置正常，管路与阀门连接牢固，无漏水现象。

6. 水泵长期停用或检修后，启动前应根据水泵结构检查

（1）各部连接螺钉紧固。

（2）各电气回路定值整定符合运行规范。

（3）软启动装置工作正常，电动机转向正确。

（4）电动机接线完好，绝缘合格，接地线完整，保护罩良好。

（5）轴承油位、油质合格。

（6）深井排水泵润滑水系统能正常工作，润滑水电磁阀、示流继电器良好，接线完整。

（7）各继电器、磁力启动器位置正确，触点无烧损现象。

（8）各阀门位置正确，进口、出口阀全开，检修措施全部恢复。

（9）各连接螺丝紧固；填料压盖上的螺钉松紧适当，允许有少量漏水。

（10）水泵及电动机周围无遗留物堆放。

三、水系统操作

（一）泵组的启停操作

1. 机组供水泵的就地操作

（1）检查水泵具备启动条件。

（2）检查水泵动力电源和控制电源供电正常。

（3）检查水泵控制柜上"电源"指示正常。

（4）检查水泵控制柜上信号指示灯正常且无"故障"报警。

（5）将水泵控制开关切至"就地"位置。

（6）按下控制盘柜"启动"按钮启动相应的水泵。

（7）检查水泵运行正常，控制柜上没有"故障"报警，泵前后的差压正常。

（8）通过控制柜上的"停止"按钮停下相应的水泵。

2. 水泵的远方操作

（1）检查水泵具备启动条件。

（2）检查水泵动力电源和控制电源供电正常。

（3）检查水泵控制柜上"电源"指示正常。

（4）检查水泵控制柜上信号指示灯正常且无"故障"报警。

（5）检查水泵控制柜选择开关在"远方"位置。

（6）监控系统发出启动水泵命令。

（7）检查水泵运行正常。

3. 过滤器的操作

（1）过滤器的自动操作。

1）检查过滤器具备运行条件。

2）检查过滤器动力电源和控制电源供电正常。

3）检查过滤器控制箱"电源"指示正常。

4）将过滤器主开关切至合位，所有操作程序通过控制箱内的控制板根据定时器和滤水器两侧差压进行自动控制。

（2）过滤器的就地手动操作。

1）检查过滤器具备运行条件。

2）检查过滤器动力电源和控制电源供电正常。

3）过滤器控制箱"电源"指示正常。

4）按住过滤器控制箱按钮手动开启反冲洗过程。

（二）供排水系统设备操作注意事项

1. 泵组操作的注意事项

（1）泵组的启停操作应参考泵组设备说明书制定操作规程或方法，不得违规操作。

（2）泵组的检修隔离操作应在做机械部分隔离操作前依次断开其控制电源、动力电源。

2. 阀门操作的注意事项

（1）阀门正常操作时原则上不得使用加长杆进行操作，也不得使用蛮力进行操作，以免损坏阀门部件。

（2）阀门操作前后应通过阀门的指示装置确认开、关位置是否到位，暗杆阀门操作前后需要间接判断开启或者关闭是否到位。一般情况下，阀门顺时针旋转为关闭方向，逆时针为开启方向。

（3）如阀/闸门关闭不严且无法可靠隔断水时，应采取关闭前一道阀/闸门或采取其他安全措施。

（4）在敷设有水等管道、阀门的地下沟道和井下进行检修工作时，应关闭向工作地点流入水等介质的有关阀/闸门。

（5）在压力管道上进行长时间的检修工作时，检修管段应用带尾巴的堵板和运行中的管段隔断，或将它们之间的两个串联、严密不漏的阀门关严，两个串联阀门之间的泄压阀应予打开。

（6）压力管道、蜗壳和尾水管等重要部位的泄压阀以及一经操作即可松压且危及人身或设备安全的隔离阀/闸门均应加挂机械锁并挂安全标志牌。

（7）为泄压所开启的有关阀门，在检修过程中应一直保持在可靠的全开位置。

四、异常情况及处置

（一）处置要点

（1）根据监控显示和就地巡视设备异常现象判断事故确已发生。

（2）进行必要的前期处理，限制事故发展，解除对人身和设备的危害。

（3）及时汇报值长，由值长调配现场人员及时进行检查、处理。

（4）分析事故原因，作出相应处理决定。

（5）必要时启动应急预案，防止事故扩大。

（二）基本处置流程

（1）值守人员负责第一时间的事故应急处置，完成下列流程并及时通知值长进行后续事故处理。当现场事故范围较大或条件复杂时，值长应汇报值班主任或运行部主任；对严重及以上缺陷，运行部主任应向分管领导汇报，并组织制订缺陷消除计划、落实责任人。

（2）尽快解除对人身和设备的威胁，限制事故发展，消除事故根源。

（3）确保运行系统的设备继续安全运行。

（4）调整运行方式，尽可能恢复设备正常运行方式。

（三）异常情况及处置

水泵常见的故障有电机过电流、水泵不能正常打压、过滤器差压高故障、水管路（阀门）破裂、渗漏集水井高水位报警等。

1. 电机过电流

（1）故障现象：水泵过电流报警。

（2）故障原因：

1）水泵轴套太紧，转动部件与固定部件摩擦力大，水泵转轮受阻。

2）水泵运行时间长。

3）水泵电动机电源回路异常。

（3）故障处理方法：

1）检查备用水泵是否自动投入运行。

2）检查水回路流量、压力正常。

3）检查若是电气故障，更换故障开关和熔断熔丝。

4）检查若机械原因，将泵的电源切除，进口、出口阀关闭，然后对泵进行故障原因分析、检查、处理。

2. 水泵不能正常打压

（1）故障现象：

1）水泵进出口差压未达正常设定值。

2）控制盘差压正常指示灯熄灭。

（2）故障原因：

1）水泵未正常启动。

2）水泵连接轴断裂。

3）水泵反转。

4）差压元件或测量回路故障。

5）水泵运行性能降低、水泵密封不好，进气。

（3）故障处理方法：

1）检查备用水泵是否自动投入且运行正常。

2）检查水回路流量、压力正常。

3）检查水泵是否运行，若未运行，检查动力回路、控制方式、电动机是否正常。

4）若水泵运行，检查差压是否正常、转向是否正确、水泵连接轴是否断裂。

5）水泵故障应进行隔离，将水泵的电源切除和进口、出口阀门关闭。

3. 过滤器差压高故障

（1）故障现象：过滤器进口、出口两侧差压大于设定值，且过滤器控制盘有相关报警。

（2）故障原因：

1）过滤器驱动电动机故障或驱动装置的继电器故障。

2）内部排污阀不能自动打开。

3）过滤器堵塞或过滤网内有大量堆积物。

4）驱动轴失去连接。

5）测压元件或测压回路故障。

（3）故障处理方法：

1）检查驱动电动机是否运转正常，当电动机不能运行时，检查电动机电源熔丝是否熔断，熔丝、保护是否按照要求投用，并更换熔断的熔丝。

2）检查并冲洗排污管，打开排污管清洁堆积物。

3）清理滤网。

4）对测压元件或测压回路进行检查。

4. 水管路（阀门）破裂

（1）故障现象：水系统流量急剧降低或水系统压力急剧降低，现场运行人员检查发现水管路（阀门）破裂。

（2）故障处理方法：

1）当出现此状况时，应立即汇报值长，并与现场运行人员沟通，了解管路破裂漏水量，同时观察各水系统用户流量是否降低至跳机值，若危急机组运行安全，可申请停机。

2）现场运行人员应立即赴漏水点检查，检查漏水量情况，能否将漏水点隔离出来，且开启全部厂房排水系统进行排水，判断是否影响机组运行，并将情况汇报值长。

3）若漏水量较大，危及其他机组运行，且有可能导致水淹厂房动作，应立即启动《关键管路（阀门）破裂现场处置方案》或《水淹厂房专项应急预案》。

5. 渗漏集水井高水位报警

（1）故障现象：监控出现集水井水位高报警。

（2）故障原因：

1）集水井浮子故障。

2）渗漏排水泵故障，未正常启动。

3）岩体或设备存在严重漏水点。

4）管路单向阀损坏，水流倒灌至井内。

（3）故障处理方法：

1）检查该集水井的水位，确认非传感器误动。

2）检查该渗漏排水泵是否正常启动，运行是否正常，若未启动则立即手动启动。

3）通知运维人员进行检查是否存在严重漏水点并进行处理。

第三节　水　系　统　检　修

一、水系统检修的等级及周期

1. 水系统检修等级

水系统检修根据设备检修规模和检修内容，将设备检修分为不同等级，主要分为大修和小修。

（1）小修主要检修内容：

1）设备厂家要求的一般检查项目。

2）重点清扫、检查和处理易损、易磨部件，必要时进行实测和试验。

3）按各项技术监督规定检查和预防性试验项目。

4）定期更换填料密封或密封部件。

5）处理运行中发生的缺陷。

（2）大修主要检修内容：

1）生产厂家要求的项目。

2）对泵组、液压或气动阀门的执行机构等设备进行全面解体、检查、清扫、测量、调整和修理。

3）泵轴、叶轮及其他重要承压部件必要时进行无损探伤。

4）更换老化及磨损严重的密封件。

5）按检查评定结果更换存在缺陷、隐患的零部件。

6）按照各项技术监督规定检查和预防性试验项目。

7）定期检测、试验、校验和鉴定等。

2. 水系统检修周期

水系统检修分小修和大修；大修周期一般 8～10 年，小修周期一般 1～2 年，其中供水系统大修随机组 A、B 级检修进行，小修随 C、D 级检修进行。

二、水系统大修、小修项目

大修项目、小修项目均可根据现场设备实际情况实施，监督项目原则上按要求实施。检修项目的验收标准参照设备厂家安装及维护要求执行，无相关要求时参照 GB 50275《风机、压缩机、泵安装工程施工及验收规范》的有关规定执行。

1. 水系统小修项目

水系统小修项目主要包括水泵清扫、检查、泵填料函检查更换、泵螺栓拧紧力矩检查、泵螺栓拧紧力矩检查、水泵电机绝缘电阻测试、自动化元件校验、更换及控制系统检修等。

2. 水系统大修项目

水系统大修项目主要包括水泵及电机解体检查、水泵与电机联轴器解体检查、水泵与电机轴线检查调整、水泵轴、叶轮探伤、水泵电机绝缘测试、自动化元器件校验、过滤器解体清扫检查、管路、阀门检查及控制系统检修等。

三、水系统设备检修主要工序

1. 检修前准备（开工条件）

检修计划和工期已确定，所需的材料、备品备件已到位；工器具（包括安全工器具）已检测和试验合格；对检修外包单位已进行检修工作技术交底、安全交底；特种设备检测符合要求；检修所用的作业指导书已编写、审批完成，有关图纸、记录和验收表单齐全，已组织检修人员对作业指导书、施工方案进行学习、培训；已制定检修定置图，准备好检修中产生的各类废弃物的收集、存放设施。

2. 供水泵组的检修主要工序

（1）联轴器保护罩及支撑架拆除。

（2）填料涵盖组装体、轴套及机械密封等附件检修。

（3）泵轴弯曲测量、叶轮探伤。

（4）电机绝缘试验。

（5）水泵及电机回装。

（6）电机轴与水泵轴同心度调整。

（7）试运行。

3. 滤水器的检修主要工序

（1）过滤器上端盖及旋转电机拆除。

（2）过滤器转轴、挡水桶及滤芯拆除。

（3）滤芯及各部件清扫检查。

（4）旋转电机绝缘检测。

（5）自动化元器件及控制回路检查。

（6）回装转轴、上端盖、挡水桶、滤芯及旋转电机等附件。

（7）试运行。

4. 长轴深井泵的检修主要工序

（1）拆除水泵润滑水管及出水管连接螺栓。

（2）拆开电动机上部端盖，取下电机止逆盘。

（3）吊出电机。

（4）用夹板依次拆除扬水管、传动轴、泵体及滤网。

（5）解体泵体，检查泵轴、导流壳及叶轮。

（6）传动轴弯曲度检查。

（7）电机绝缘检测，推力轴承检查及润滑油更换。

（8）用夹板依次回装扬水管、传动轴、泵体及滤网。

（9）更换橡胶轴承。

（10）泵座水平度调整。

（11）回装电机、泵轴连接平键及调整螺母。

（12）试运行。

5. 管路及阀门类设备检修主要工序

（1）关闭阀门，排空管道中介质。

（2）拆除阀门阀体及连接法兰或管节，检查接触面和垫片。

（3）清洗管路及阀门各个部件，去除表面污垢。

（4）检查管路阀门的各个部件是否有磨损／腐蚀／漏损等问题。

（5）对管路和阀门进行功能检查，更换相关零部件。

（6）更换密封圈，一般采用橡胶作为管道及阀门法兰连接密封，密封圈应采用斜口搭接或迷宫形式。

（7）回装管路及阀门各部件，法兰连接应保持同一轴线，其螺栓孔中心偏差一般不超过孔径的5%。

（8）进行气密性和密封性试验。

（9）试运行。

6. 水泵控制柜检修主要工序

（1）PLC模块检查。

（2）重要继电器校验和更换。

（3）控制电源及PLC工作电源的测试、接地检查；防雷元件或装置检查；冗余电源切换试验；PLC电池检查或更换。

（4）控制柜、端子箱、模块清扫。

（5）端子检查、紧固电缆、回路接线、线槽盖板整理。

（6）端子、元器件、电缆标识牌核对和更新。

（7）水泵故障自动切换、定期轮换功能检查。

（8）软启动清扫、检查、参数核对及试验。

第四节　水系统典型案例

典型案例一：供水泵电机振动偏大

1. 故障现象

某水电站运维人员进行定期工作时，发现2号机2号技术供水泵电机测振数据超标，测量值为7.6mm/s，超过标准值小于或等于4.5mm/s，电机运行时声音偏大。设备主人进一步检查发现电机与水泵联轴器下方有粉末物掉落，初步判断为联轴器弹性橡皮圈磨损。

2. 原因分析

检修人员拆除联轴器发现电机与水泵联轴器弹性橡皮圈磨损；复测供水泵与电机联轴器夹角和水平，发现数据均超标，所以判断有以下几点原因：

（1）供水泵与电机联轴器弹性橡皮圈磨损超标。

（2）供水泵电机联轴器夹角和水平度超标。

3. 处理过程

（1）将供水泵与电机联轴器弹性橡皮圈拆出进行检查，发现弹性橡皮圈破损、变硬，失去缓冲作用，遂对弹性橡皮圈进行更换。

（2）针对供水泵与电机联轴器夹角和水平度超标这一可能原因，结合机组检修，对供水泵泵与电机联轴器夹角和水平度进行复测；发现夹角和水平度均超标（标准值夹角小于或等于 0.1mm，水平度小于或等于 0.1mm）；重新对电机水平度和联轴器夹角进行调整，调整后夹角和水平度校正值均小于或等于 0.1mm；启动供水泵进行试验，测量水泵和电机振动均下降至标准范围之内。

典型案例二：供水泵叶轮与泵体密封环偏磨

1. 故障现象

某电站巡检人员巡检发现机组发电运行时 2 号供水泵异响，泵端机械密封排水管内有黑色粉末液体流出。

2. 原因分析

运维人员盘车检查供水泵轴线数值，轴线数值在 0.8～1.0mm（轴线标准值不大于 0.1mm）；后续班组调整供水泵轴线置至 0.2mm 以下时，手动盘车异常困难。

分析所有可能导致供水泵异响的因素如下：

（1）泵内转动部件有异物卡涩。

（2）泵体密封环与轮间偏磨。

（3）深沟球轴承烧损。

（4）泵两端机械密封偏磨。

针对上述原因进行排查，排查过程如下：

（1）针对原因（1）排查，松开供水泵外壳连接螺栓，用 5t 葫芦吊启动给水泵壳后，检查泵叶轮与泵座间无异物，检查轴保护套与轴密封壳间无异物。

（2）针对原因（2）排查，用 0.3mm 塞尺检查泵体密封环与叶轮上环、下环之间的间隙，如图 3-4-1 和图 3-4-2 所示，叶轮上环、下环与泵体密封环有部分接触面 0.3mm 塞尺通不过；叶轮吊起后，在密封环定位槽中发现泵体密封环定位槽中有金属铁屑（见图 3-4-3）、叶轮下环处有明显刮痕（见图 3-4-4），初步判断叶轮与泵体密封环有偏磨。

（3）针对原因（3）的排查，拆开泵两端轴承盖，发现泵左侧深沟球轴承已烧损，部分轴承滚珠已变形，如图 3-4-5 和图 3-4-6 所示。右侧段轴承正常，手动转动轴承无卡涩。

（4）针对原因（4）的排查，拆除泵左端机械密封，机械密封摩擦环未发现偏磨现象。

3. 处理过程

（1）关闭供水泵进口、出口阀门，打开泵出口过滤器排污阀，待泵、管路和过滤器内水排空，拆除泵两端的机械密封润滑水供水管。

（2）拆除泵壳与泵座连接螺栓，用 5t 葫芦吊出泵壳。

（3）拆除泵两端轴承盖连接螺栓，用葫芦将泵的转动部件吊出。

（4）将泵的转动部件吊至空旷处，悬空打磨叶轮刮痕、泵体密封环。

图 3-4-1 泵体密封环与上环间隙测量图

图 3-4-2 泵体密封环与下环间隙测量

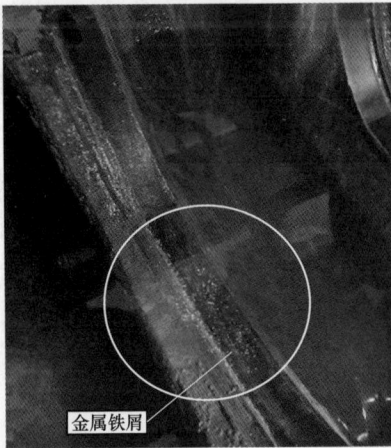

图 3-4-3 泵体密封环定位槽中有金属铁屑

图 3-4-4 叶轮下环刮痕

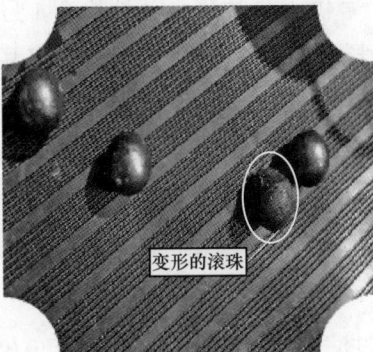

图 3-4-5 变形的轴承滚珠

图 3-4-6 破损的轴承

（5）叶轮、泵体密封环刮痕处理完成后，回装整个转动部件，回装时注意泵体密封环的两端定位销方向。

（6）紧固右端轴承盖连接螺栓，固定右侧轴承，拆除左端轴承盖，拆除轴承挡圈和限位螺母，使用液压拉马拔出轴承。

（7）拆除损坏轴承内的轴套，打磨轴套外侧毛刺，将轴套用铜锤敲进轴承内环。

（8）回装轴承前，先检查泵左侧机械密封磨损情况，避免机械密封磨损导致返工。

（9）清扫泵的左端轴和限位螺母的螺纹，去除球轴承套定位键的毛刺，将球轴承缓慢旋进泵左端轴，两人同步用铜锤缓慢敲击左侧球轴承至定位键处，注意球轴承套的键槽与键的位置对齐。

（10）扣上球轴承底部密封盖和轴承盖，并用螺栓连接紧固，左端球轴承用吊带挂在葫芦上，右端球轴承下部用千斤顶支撑，调整叶轮与泵体密封环间隙在 0.32～0.37mm 之间，且叶轮与泵体密封环间无摩擦、卡顿现象后，固定泵两端球轴承连接螺栓。

（11）清扫泵座密封面，清扫干净后涂抹平面密封胶，先预回装泵壳盖，紧固 4 颗泵壳盖连接螺栓，手动盘车检查叶轮转动是否卡顿，如无卡顿，表示泵叶轮与泵体密封环间隙数据合格，紧固剩余泵壳盖与泵座连接螺栓，反之拆除泵壳盖重新调整叶轮与泵体密封环的间隙。

（12）泵的中心线确定好后，用钢板尺测量泵与电机端联轴器竖直方向高度偏差，在电机底部固定螺栓处加调整铜垫片，调整电机整体的高度，将百分表座架在电机端靠背轮上，表指针指在泵端靠背轮，用撬棍微调电机左右方向位移，使电机与泵轴线在 0.1mm 以内。

（13）泵与电机轴线调整数据合格后，固定电机四角的螺栓，恢复供水泵隔离措施，电动泵运行无异常后，试转供水泵。

典型案例三：供水泵在启动过程中启动失败

1. 故障现象

某公司在定期检修后启动试验时，监控报 1 号供水泵故障，就地检查 1 号泵已停止运行，2 号泵正常运行；控制面板上综合故障和 1 号供水泵故障指示灯亮，但备用给水泵投入指示灯不亮，供水泵软启动器显示无故障信息，机组启动试验成功，故障报警可复归。

2. 原因分析

导致供水泵故障切泵的原因：

（1）泵本体及主回路原因：主要为内部故障、过电流、缺相、相序颠倒、电源频率超范围、电机热故障、软启动器热故障等。

（2）过滤器原因：主要为处于同一流道内的过滤器本体堵塞（差压大于 0.05MPa）保持 10min，将引起切换供水泵。

（3）自动化元件原因：主要为差压开关启动后 5s 未动作，回路内继电器或旁路接触器触点未正常动作导致无法发指令启动给水泵或启动给水泵后无法收到启动成功信号。

3. 处理过程

（1）根据现场情况，1号供水泵软启动器显示无故障信息，故可初步排除泵本体及主回路原因，通过检查确认主回路接线无松动，无接触不良。

（2）检查技术供水过滤器控制柜，没有出现1号过滤器堵塞报警，同时监控信息也没有出现1号过滤器相关报警，排除过滤器堵塞原因导致。

（3）随后进行就地手动启动1号供水泵检查，发现供水泵启动成功，差压开关动作正常，上送监控信号正常，各自动化元件动作正常。

（4）继续机组运行试验，发现1号供水泵运行依旧正常，监控及盘柜各参数，PLC的输入、输出模块信息均正常。

（5）经过上述分析，并结合近三年的运行记录，发现其他供水泵在运行过程中也会偶发性地出现此情况，即：出现该报警后，软启动器无报警，盘柜报警可复归，就地手动启动给水泵正常，远方运行试验正常。

（6）根据排查结果，结合故障现象，进行深入排查，发现备用给水泵投入指示灯不亮。查询备用给水泵运行逻辑图发现：2号供水泵运行且差压开关动作后并没输出备用给水泵运行信号的原因为没有发出启动备用给水泵指令，故2号供水泵运行并不是启动备用给水泵逻辑产生的结果。

（7）根据供水泵启动逻辑发现：若在远方启动1号供水泵过程中出现1号供水泵故障，就会停止发送启动1号供水泵信号，同时将满足发指令启动2号供水泵信号。

（8）根据引起启动过程中1号供水泵故障的逻辑图发现：1号供水泵在启动过程中如果15s内没有泵1运行的信号，将输出1号供水泵故障；查询监控历史信息发现在发出启动给水泵令，到收到1号供水泵故障信息间隔时间为15.1s，符合此情况，初步判断引起此类偶发性启动给水泵失败的原因为启动时间超过15s。

（9）查询软启动器参数，供水泵加速斜坡时间设置为15s，初始启动力矩为20%，加速时间约为12s，启动前时间设置为2s，即启动时间应为14s，可以满足正常启动要求，启动回路和反馈回路的总时间应在1s内完成，才能满足启动给水泵要求。

（10）通过查询远方启动回路发现，远方启动继电器和软启动器的常开触点虽可以正常吸合，但由于动作时间较长，且不稳定，导致启动回路的整体时间偶发性会出现超过1s的情况，加上给水泵启动时间14s，引起供水泵启动时间超过15s，从而发生了本次故障。

（11）更换新的校验合格的继电器后，故障消除，供水泵经数次运行观察，未出现该故障。

典型案例四：4号机技术供水2号过滤器运行异响

1. 故障现象

某电厂运维人员日常巡检时，发现4号机运行时技术供水2号过滤器有明显异响。

2. 原因分析

因过滤器进出水管布置采用"下进上出"的形式,过滤器上下腔有滤芯阻隔,所以基本排除了异物进入出水管的可能,再根据故障现象判断有以下几种可能:

(1)过滤器底部有较大体积的石头沉积,机组开机时在水流推动下与过滤器壳体发生撞击发出异响。

(2)过滤器本身存在故障,滤芯支撑压紧部件松动乃至断裂,断裂部件和松动滤芯在水流作用下互相撞击发出异响。

(3)供水泵与过滤器之间的旋启式止回阀连板机构上的大螺母掉落,被水冲击至过滤器底部,与壳体撞击发出异响。

3. 处理过程

(1)拆开过滤器底部放空观察阀,确认过滤器内部积水已排空。

(2)拆开过滤器检修孔的把合螺栓,取下检修孔堵板。

(3)充分通风后,运维人员检查过滤器内部,在过滤器底部发现一个螺母、一个平垫和一小截断裂的螺杆,过滤器滤芯、支架等部件未发现异常,初步判断掉落物为2号供水泵止回阀上掉落下来,如图3-4-7所示。

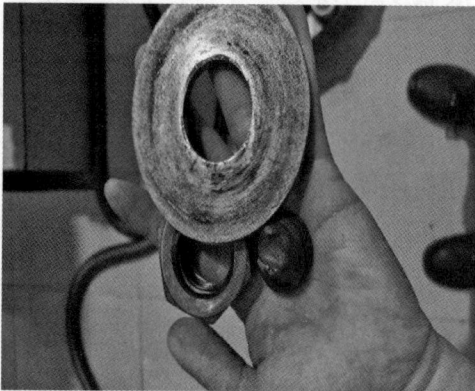

(a) 在过滤器底部发现的螺母和平垫   (b) 在过滤器底部发现的断裂螺杆

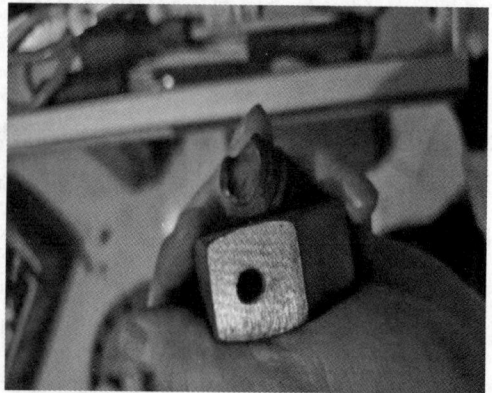

图 3-4-7 过滤器内部找到的掉落物

(4)确认过滤器本身无异常后,将检修孔堵板回装紧固。

(5)拆开4号机的2号供水泵的止回阀上盖板,检查止回阀本体连板机构,检查发现止回阀挡水板上连接螺杆已断裂,螺母已丢失,如图3-4-8所示。

(6)对比止回阀与掉落物断口,确认掉落物为该止回阀上断落机构,拆下损坏的止回阀。

(7)检查管路内无其他异常后,换上新的同型号的旋启式止回阀,安装前测量阀门长度,确认阀门符合现场使用要求。

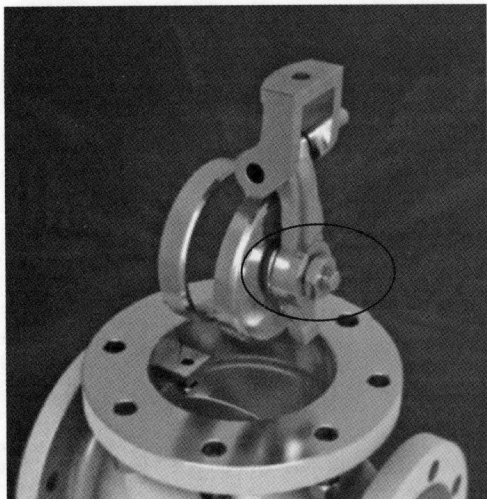

(a) 止回阀连接螺杆　　　　　　　　　(b) 止回阀连接螺杆

图 3-4-8　止回阀连接螺杆实物与示意图

思 考 题

1. 简述抽水蓄能电厂供水系统和公用供水系统的作用。

2. 简述抽水蓄能电厂公用供水系统的水源、供水方式。

3. 简述离心泵型号为 280D-65×7 的含义。

4. 简述抽水蓄能电站渗漏排水系统和检修排水系统的排水方式及排水布置形式。

5. 简述水系统的 5 项巡检项目。

6. 简述水系统检修隔离的要点。

7. 简述水系统常见的故障。

8. 渗漏集水井水位过高的原因及处理方法。

9. 简述供水泵检修阶段的检修工序及要求。

第四章 通风空调系统运检

本章概述

抽蓄电站通风空调系统是重要的辅助设备系统，在项目施工前期、投运后发挥重要作用。本章主要介绍抽水蓄能电站通风空调系统的概述、巡检、检修 3 部分内容，用于指导初学者了解设备的基础知识，掌握相关技能，以便快速适应岗位。

学习目标

	学习目标
知识目标	1. 了解通风空调系统的主要设备和作用。 2. 了解通风空调系统的主要通风方式和要求。 3. 了解通风空调系统的运行方式和巡检要求。 4. 了解通风空调系统的日常维护、保养、常见缺陷处理等。
技能目标	1. 掌握通风空调系统的日常巡检和运行方式，能独立开展常规操作。 2. 能识别通风空调系统常见故障，并进行处理。

第一节 通风空调系统概述

一、通风空调系统概述

通风空调系统是采用空气调节和通风技术，对空气进行处理、输送、分配，并控制其参数的所有设备、管道及附件、仪器仪表的总和，主要包括通风系统和空调系统。抽蓄电站通风空调系统是重要的辅助设备系统，在项目施工前期、投运后发挥重要作用，需要在设计初期充分考虑现场实际情况，进行详细计算，从总体上调节厂房通风、温湿度控制。

二、通风空调系统的主要设备

（一）通风系统

通风系统是一种空气流通系统，通过一系列设备、组件实现室内外空气交换和流通，主要包括机械通风和自然通风。自然通风利用空气的温度差通过建筑的门、窗、洞口使空气进行流动，达到通风换气的目的；机械通风则以风机为动力，通过管道实现空气的定向流动。通风系统主要包含进气处理设备，如空气过滤器、热湿处理设备和空气净化设备等；送风机或排风机；风道系统，如风管、阀部件、送排风口等。通风空调系统送风机如图 4-1-1 所示，通风空调系统风管如图 4-1-2 所示。

图 4-1-1 通风空调系统送风机

图 4-1-2 通风空调系统风管

（二）空调系统

空调系统是以空气调节为目的而对空气进行处理、输送、分配，并控制其参数的所有设备、管道及附件、仪器仪表的总和。空调系统主要常用设备有冷水机组，如水冷式螺杆机组、地源热泵、水源热泵机组、多联机中央空调、分体式空调和工业热泵空调等。目前抽蓄电站地下厂房内主要以冷水机组，结合冷却水系统、冷冻水系统及末端空调器调节温度，办公及住宿区域主要以多联机中央空调、分体式空调为主，少部分电站建筑场所使用地源热泵空调系统。空调系统基本组成如图 4-1-3 所示。

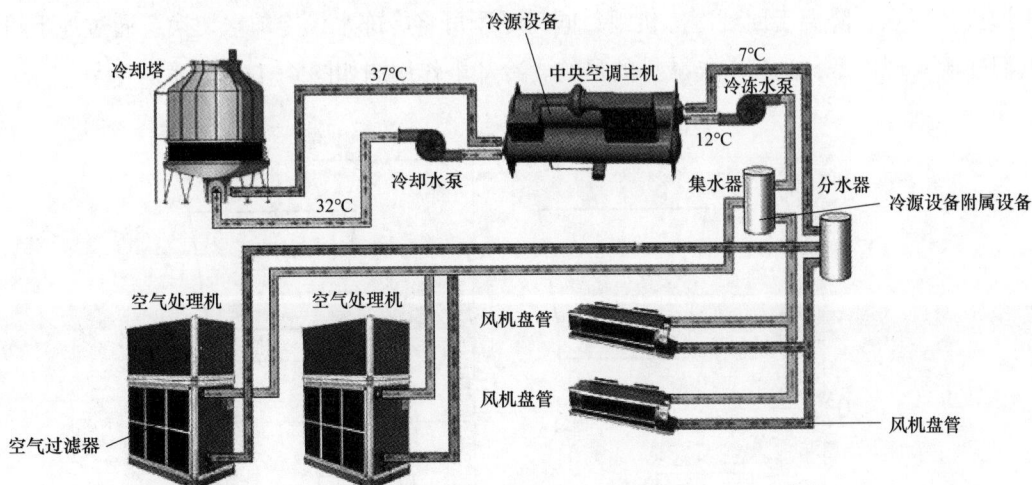

图 4-1-3 空调系统基本组成

（三）冷水机组

冷水机组由压缩机、蒸发器、冷凝器和膨胀阀四个主要组成部分，从而实现了机组制冷制热效果。水冷式冷水机组是利用壳管蒸发器使水与冷媒进行热交换，冷媒系统在吸收水中的热负荷，使水降温产生冷水后，通过压缩机的作用将热量带至壳管式冷凝器，由冷媒（HFC-134a）与水进行热交换，使水吸收热量后通过水管将热量带出外部的冷却塔散失（水冷却）。冷水机组工作基本原理图如图4-1-4所示。

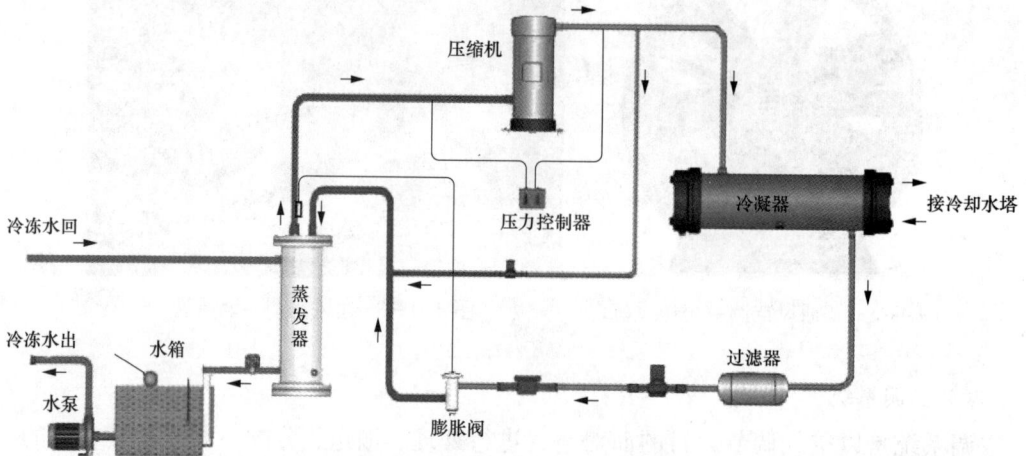

图4-1-4　冷水机组工作基本原理图

通风及空调系统中冷却塔的作用是将携带废热的冷却水在塔体内部与空气进行热交换，将废热传输给空气并散入大气中。可以将冷却塔理解为一个散热装置，是一种利用水的蒸发吸热原理来散去废热以保证系统运行的装置，冷却塔能将冷却水的温度降下来。地源热泵冷冻机组的冷却水源采用分布式地埋管冷却，连接冷凝器的冷却水管通过地埋管将热量散入地下土壤或地下水，降温后回到冷冻机组；同时冬季可将冷冻水、冷却水切换，通过地下可获得低温热源实现供暖，达到节能减排的目的。冷却塔作用图如图4-1-5所示。

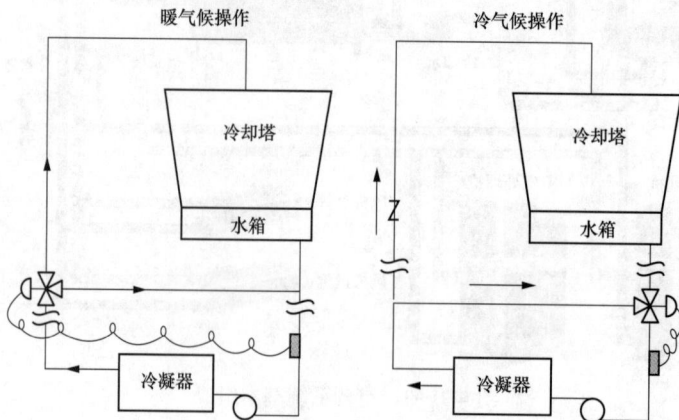

图4-1-5　冷却塔作用图

冷水机组的冷凝器的作用是使气态的制冷剂向外部放出热量而液化，而蒸发器的作用则是使液态的制冷剂吸收热量从而汽化。冷水机组结构图如图 4-1-6 所示。

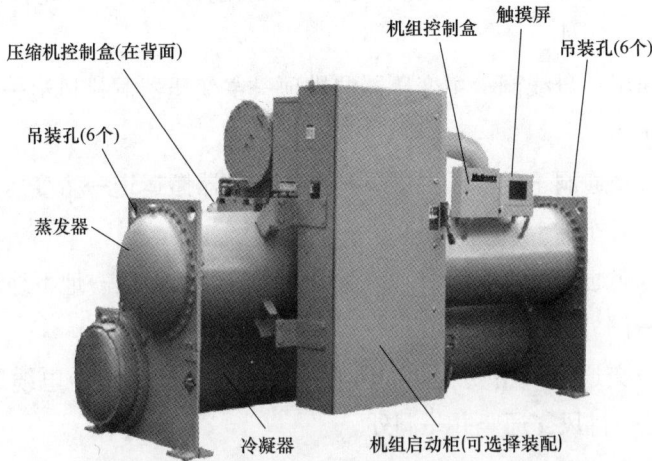

图 4-1-6　冷水机组结构图

（四）单元式空调、空气处理机、除湿机等

单元式空调指常用的分体式壁挂空调、柜式空调，主要包括内机、外机，一般适用于办公室、室外独立设备间。空气处理机主要是过滤掉空气中的粉尘、烟尘、黑烟等有害物质，干净的空气经风机送到冷却器或者加热器进行冷却或加热，达到使人感到舒适的温度。除湿机由压缩机、热交换器、风扇、盛水器、机壳及控制器组成，主要功能是将潮湿空气吸入后，通过热交换器将水分凝结成水排出，处理后的干燥空气排出，不断循环使室内空气保持相对湿度。

三、抽水蓄能电站通风空调系统的主要特点

抽水蓄能电站通风空调系统可按照作用划分为进风系统（新风）、空调系统、除湿系统、排风系统、排烟系统和正压送风系统，也可按区域划分为中控楼通风空调系统、主厂房通风空调系统、母线洞通风空调系统、主变压器洞通风空调系统、端副厂房通风空调系统、开关站通风空调系统及其他地面单元通风空调系统。地下厂房的主厂房、端副厂房、母线洞、主变压器洞、高压电缆竖井等区域主要设备包括冷冻机系统、风机盘管、通排风机、排烟风机、正压送风机、除湿器、空调器、过滤器、调节阀、空调冷却水管路和阀门、风机控制箱和磁力启动器、通风空调控制系统等；中控楼部分涵盖配电室、电缆层、计算机室、继保室、中央控制室和办公区，主要设备包括冷冻机系统、热空调、风机盘管、通排风机系统等。

抽水蓄能电站厂房主要通风方式有：

（1）洞外新风→交通洞→安装场上层→组合空气处理机→端副厂房顶送风管→发电机层→中间层→母线洞→主变压器排风道→洞外。

（2）洞外新风→交通洞→廊道→副厂房上层→组合空气处理机→副厂房顶送风管→发电机层→中间层→母线洞→蜗壳层→主变压器排风道→洞外。

（3）洞外新风→交通洞→施工支洞→安装场下层通风机室→水轮机层→中间层→母线洞→主变压器排风道→洞外。

（4）主厂房中间层→母线洞→主变压器洞拱顶→主变压器洞排风道→排风交通电缆道→排风交通竖井→洞外。

（5）室外新风→交通洞→主变压器进风洞→主变压器搬运道→主变压器室→主变压器排风竖井→排烟竖井→洞外。

（6）室外新风→交通洞→主变压器进风洞→主变压器搬运道→地下地理信息系统（GIS）室→500kV 电缆道→洞外。

（7）室外新风→交通洞→主变压器进风洞→主变压器搬运道→电缆层→主变压器排风道→排风交通电缆道→排风交通竖井→洞外。

（8）室外新风→交通洞→施工支洞→管道廊道→副厂房供风井→副厂房各层→副厂房排风竖井→副厂房排风道→排风交通电缆道→排风交通竖井→洞外。

（9）主厂房中间层→副厂房顶层→排烟竖井→洞外。

排烟路径：

（1）主厂房烟→发电机层→厂房顶排烟道→副厂房五层→副厂房排烟竖井→洞外。

（2）蜗壳层烟→水轮机层→中间层→副厂房排烟竖井→洞外。

抽水蓄能电站各区域热源主要有：

（1）蜗壳层处于主厂房最下部，由于机组输水道主引水管从上游侧引入该层，而该层下游侧又紧贴岩壁，所以围护结构和设备管路的散湿为该层的主要问题。

（2）水轮机层的散热量主要来自该层下游侧的电缆、部分水泵和盘柜及该层的照明。

（3）中间层是全厂热量较集中的区域，发热量主要来自发电机外筒传热、母线发热和自用变发热。

（4）发电机层是本工程地下厂房的主要场所，该层的主要发热来自机组及盖板的传热、上下游励磁盘及控制盘的散热及顶部照明散热。

（5）母线洞是连接主厂房中间层与主变压器洞的主要通道，该部分设有大电流封闭母线及励磁和断路器等设备，由于母线道只在抽水或发电工况时投入运行，在运行间隔期只有少量热量产生，形成了一个有规律的发热周期。

（6）主变压器洞是全厂电气设备最集中的场所，主要热源来自变压器运行时的散热。

四、通风空调系统对温湿度控制要求

地下厂房室内的温、湿度设计标准，根据 NB/T 35040—2014《水力发电厂供暖通风与空气调节设计规范》中的有关规定并结合电站的环境条件、布置特点及通风空调方式而确

定。根据夏季厂房室外温度、厂内各部位要求达到的最高温度以及夏季厂内通风运行模式，确定厂房夏季的通风为主空调为辅的形式。

在地下厂主、副厂房设置集中空调系统，在主厂房发电机层两侧空调机房设置组合式空调器，处理夏季室外新风，同时在母线层、母线洞另设置柜式空调器，降低工作环境温度。另外，在副厂房各层设置柜式空调器，处理新风，降低送风温度。

在厂房下部的水轮机层、蜗壳层和尾闸洞等潮湿部位设置了常规除湿机。地下厂房的内墙涂刷防渗水泥及渗透结晶防水材料。主厂房采用措施进行防潮、除湿。

通过全厂的集中通风空调系统及空调监控系统来保障地下厂房的温湿度符合人员舒适健康和设备运行要求。

五、地下厂房通风空调系统防火、防烟主要原则

按 GB 50016—2014《建筑防火设计规范》和 GB 50987—2014《水利工程设计防火规范》，应对地下厂房所有通风空调系统设置防火设施，并对重要疏散通道设置防烟和排烟设施。为便于火灾后尽早恢复生产，对重要场所设置事故后排烟设施。通风空调系统防火、防烟设计的主要原则为：

（1）根据电站枢纽布置及厂房布置，按有关规范要求对全厂通风空调系统设置防火措施，防止火灾通过通风空调系统蔓延；当通风空调区域发生火灾时，关闭防火阀和通风机，阻止火灾及火灾产生的烟雾经通风空调系统蔓延扩展，使火灾损失降低到最小。

（2）当火灾发生时，对主要疏散通道进行防烟、排烟，保证人员及时疏散，消防施救人员及时到达扑救。

（3）对厂内重要场所，设事故排烟系统，使火灾烟雾在火灾扑灭后及时排除，尽早恢复生产。

第二节　通风空调系统巡检

一、通风空调系统日常巡检内容

巡回检查通用要求有：

1. 巡回检查人员要求

（1）经医师鉴定，无妨碍工作的病症（体格检查至少每两年一次）。

（2）具备必要的安全生产知识，学会紧急救护法，特别要学会触电急救。

（3）具备必要的电气知识和业务技能，且按工作性质，熟悉《国家电网公司电力安全工作规程（变电部分）》《国家电网公司电力安全工作规程（水电厂动力部分）》的相关部分，并经考试合格。

（4）应被告知其作业现场和工作岗位存在的危险因素、防范措施及事故紧急处理措施。

（5）允许独立巡回检查的人员需经公司批准并下文公布名单。

2．巡回检查现场要求

（1）巡回检查现场的生产环境、生产条件和安全设施等应符合有关标准、规范要求，工作人员的劳动防护用品应合格、齐备。

（2）现场使用的安全工器具应合格并符合有关要求。

3．巡回检查作业要求

（1）巡回检查分为每月的定期检查、每周一次的定期检查、每日的检查、设备操作后的检查和机动性检查；通风空调系统应根据设备区域及设备重要程度确定设备巡视路线及频次，巡检人员应按照巡检项目要求对设备进行巡视、检查，保证设备安全稳定运行。

（2）设备操作后的检查按巡回检查作业指导书执行。

（3）巡回检查人员在通信设备间、高压带电区域等重要设备间进行巡回检查设备前，必须报告值班负责人，工作过程中不得做与巡回检查工作无关的事情或其他未经批准的工作，不准移开或越过遮拦；巡检结束后，应立即向值班负责人汇报检查情况。

（4）巡检人员在进行设备的巡回检查时，应穿工作服、工作鞋、戴安全帽，携带必要的工具，如电筒等。

（5）巡回检查前了解所检查设备的运行方式、缺陷情况，巡检时要做到"六到"，即足到（该查的项目要走到）、心到（该查的项目要想到）、眼到（该查的项目要看到）、耳到（异常的声音要听到）、手到（可触及的设备要摸到）、鼻到（异常气味要嗅到），并根据设备的变化情况进行分析和对比，及时发现设备异常，保证检查质量。

（6）巡回检查工作需要打开的设备房间门、开关箱、配电箱、端子箱、操动机构箱等，在检查工作结束后应随手关好。

（7）发现设备缺陷或异常时，应及时汇报值班负责人，经确认后输入生产管理系统缺陷管理模块中，做好运行值班记录，并通知有关班组；缺陷由当班值负责审核和定级，当设备发生危急、严重缺陷或发现设备参数或状态不正常时，应立即向值班负责人汇报，值班负责人应到现场核实情况，做好防范措施、处理对策和事故预想，并通知有关人员。

（8）处于运行状态、备用状态及局部检修（消缺）的设备，应按时进行巡回检查，以保证设备可随时投运。

（9）设备的检查应按巡检作业指导规定的检查标准，根据当时的运行方式、设备缺陷情况和环境、气候的变化等，结合运行分析，使设备的缺陷能及时发现，并得到控制。

（10）遇下列情况时，应安排对设备进行机动性检查：

1）刚经操作过的设备和存在较大缺陷的设备。

2）自然条件发生变化（如：台风、暴雨、大雪、高温、严寒、潮湿等）可能受影响的设备。

3）新投产和检修后的设备。

4）运行方式变化或重负荷运行的设备（迎峰度夏连续满负荷运行阶段）。

5）发生事故后，同类设备或运行可能受影响的相关设备。

6）设备有隐患或频发性缺陷的设备。

7）根据负荷及设备运行情况开展夜间的熄灯巡检。

8）机组状态改变后，当班值应安排立即进行一次巡检。

（11）地震、台风、洪水、泥石流等灾害发生时，禁止巡视灾害现场。灾害发生后，如需要对设备进行巡视时，应制定必要的安全措施，得到设备运维管理单位批准，并至少两人一组，巡视人员应与派出部门之间保持通信联络。

（12）在夏季高温季节时，应尽量避开高温时段巡检，根据实际情况合理安排巡检时间。

4. 运行方式及定期切换

（1）通风空调系统的运行方式，结合现场实际情况及环境气温变化情况，制定合理运行方式并及时切换调整。

（2）地下厂房、地下洞室、开关站等区域的通风空调系统根据实际需要，采用每天巡视、人工现场就地切换操作或远方切换的方式进行常开运行和选择运行（部分开闭、择时开闭、临时开闭）。

（3）其他区域中央空调机组将根据气温变化情况和实际需要，原则上在夏季和冬季采用每天巡视、人工操作或远方切换的方式进行常开运行和选择运行（部分开闭、择时开闭、临时开闭）。

（4）自动运行设备由运行维护人员负责设备的开启、关闭等现场操作控制工作。当有特殊要求时，按照相关的作业规程进行操作控制，并确认设备运行正常。

二、通风空调系统的巡检项目

通风空调系统设备主要巡检频次为周巡检，特别重要设备需每日进行检查或设备操作、缺陷投运后进行机动性检查，主要巡检项目有：

（1）制冷设备冷冻油、制冷剂检查。

（2）冷冻水、冷却水系统检查。

（3）通风机、制冷机、风机盘管检查。

（4）风管、部件及管道支、吊架等固定结构检查。

（5）通风空调系统温度、压力、流量等数据检查记录。

（6）通风空调系统阀门检查。

（7）通风空调系统管路检查。

（8）通风空调系统水泵检查。

（9）通风空调系统电气控制部分回路检查。

第三节 通风空调系统检修

通风空调系统检修根据检修规模、设备拆解程度等分为大修、小修、定检、定期维护保养、定期试验等，大小修可根据设备运行情况及设备健康状况安排检修时间和工期，定检、定期维护保养及定期试验应按周期开展工作。

一、通风空调系统的日常维护项目及要求

（1）空气过滤器检查清扫；清扫后的空气过滤器应干净；对于破损的应进行更换。

（2）热回收装置检查；确认热回收装置运行稳定，无渗漏情况。

（3）自控设备和控制系统检查；确认设定参数正常，设备运行正常。

（4）制冷机组、空调机组、风机、水泵检查清扫；清扫后应干净，试验正常。

（5）空调房间内的送、回、排风口检查清扫；清扫后应清洁，表面无积尘与霉斑。

（6）空调房间的室内空气质量进行检查；确认空气质量应满足运行要求，不满足卫生要求时，通风空调系统应采取相应措施。

（7）通风空调系统中的温度、压力、流量、热量、耗电量、燃料消耗量等计量监测仪表进行检查；对失效或缺少的仪表应更换。

（8）检查压缩式制冷设备的冷冻油；确认油位正常，油质进行化验，对不合格的进行更换。

二、通风空调系统的定期维护保养

通风空调系统定期维护保养主要分为停电、不停电。不停电一般指定检工作，主要包括通风空调设备在不停电条件进行的全面检查测量清扫工作，周期为每月一次；停电一般指设备定期维护保养，主要包括设备解体检查清洗、系统测试、易损件更换及零部件更换消缺工作等；若设备存在严重老化或其他严重质量问题，影响设备运行，可进行小修或大修处理。

定检主要项目有：空气过滤器检查清扫，热回收装置检查，自控设备和控制系统检查，制冷机组、空调机组、风机、水泵检查清扫，空调房间内的送风、回风、排风口检查清扫，空调房间的室内空气质量进行检查，通风空调系统中的温度、压力、流量、热量、耗电量、燃料消耗量等计量监测仪表检查，检查压缩式制冷设备的冷冻油。

定期维护主要项目有：热回收装置清扫，风管检查，空气处理设备检查，空调系统水泵电机检查，空调系统水泵电机轴承润滑脂更换，通风空调监控系统主机功能性检查，通风空调监控系统软件、数据库及文件系统备份，通风系统风道内部检查、通风系统滤网检查，通风系统风道支、吊架检查，通风系统控制柜内部检查，冷冻水系统检查，通风空调系统中的温度、压力、流量、热量、耗电量、燃料消耗量等计量监测仪表，进行检验。

定期试验主要项目有：空调冷水机组水泵定期轮换试验，通风空调系统送风机、排风机

等定期启动，空调冷水机组主机启动试运行，通风机停运期间要定期启动试验。

三、通风空调系统的常见缺陷处理

通风空调系统常见的故障有空气处理机无法启动、冷水机组无法启动、冷冻水泵供水流量不足、冷却水泵供水流量不足等。

1. 空气处理机无法启动

（1）故障现象：

1）空气处理机控制柜上存在报警。

2）空气处理机启动人机界面黑屏。

（2）故障原因：

1）空气处理机电源回路故障。

2）空气处理机人机界面面板损坏。

（3）故障处理方法：

1）立即检查空气处理机电源开关回路是否正常。

2）检查空气处理机控制柜内开关、接触器情况。

3）检查控制面板输入输出电压情况，如有异常则进行处理。

2. 冷水机组无法启动

（1）故障现象：冷水机组控制柜面板存在告警。

（2）故障原因：

1）冷水机组电源回路故障。

2）冷水机组控制程序故障。

3）冷水机组冷冻或冷却水流量不足。

（3）故障处理方法：

1）检查水机组控制柜内开关、接触器情况。

2）检查冷水机组控制程序是否正常。

3）检查冷水机组冷却或冷冻水泵流量是否正常。

3. 冷冻水泵供水流量不足

（1）故障现象：冷冻水泵流量计运行时显示流量低。

（2）故障处理方法：

1）检查冷冻水泵进口、出口阀门是否在"全开"位置。

2）检查冷冻水泵各阀门有无漏水情况。

3）检查冷冻水泵流量计是否故障。

4. 冷却水泵供水流量不足

（1）故障现象：冷却水泵流量计运行时显示流量低。

（2）故障处理方法：

1）检查冷却水泵进口、出口阀门是否在"全开"位置。

2）检查冷却水泵各阀门有无漏水情况。

3）检查冷却水泵流量计是否故障。

思 考 题

1. 简述通风空调系统冷水机组的基本原理。

2. 通风空调系统的主要巡检项目有哪些？

3. 冷冻水泵供水流量不足如何处理。

第五章　消防系统运检

本章概述

消防系统指为了预防和控制火灾而采取的一系列组织措施和设备设施，旨在保护人员生命安全和财产免受火灾的危害。消防系统在火灾初燃生烟阶段，利用火灾探测器检测防火区域中的烟雾和温度，自动发出火灾报警信号，启动灭火设施，将火扑灭在未成灾害之前，防止和减少火灾危害，确保建筑物、设备和人员安全。本章主要对消防系统概述、消防系统运行及消防系统检修进行介绍，为初学者提供学习指导和参考。

学习目标

学习目标	
知识目标	1. 知道火灾事故的处理原则。 2. 知道消防系统的分类与工作原理。 3. 知道消防系统的设备常见配置。 4. 知道消防火灾报警系统的配置。 5. 知道消防系统相关设备巡视要点。 6. 知道消防系统的试验检测方法及注意事项。
技能目标	1. 能进行各类灭火器的使用。 2. 能进行全厂消防系统设备操作。 3. 能正确识别消防系统的报警，能及时确认火情、隔离及消除故障。 4. 能正确佩戴、使用正压式空气呼吸器，掌握使用过程中的注意事项。 5. 能进行自动喷淋灭火系统、气体灭火系统、高倍数泡沫灭火等系统手动投入操作。 6. 能进行消防广播、消防声光报警装置启动操作。

第一节　消防系统概述

一、灭火基础知识

灭火系统是指由一系列设备和组件组成，用于扑灭火灾或阻止火势蔓延的系统。灭火系统在防止和减少火灾危害，确保建筑物、设备和人员安全方面至关重要，是保证电站安全生产的重要设施之一。

（一）灭火原则与方法

1. 火灾类型

火灾根据可燃物的类型和燃烧特性，分为 A、B、C、D、E、F 六类。A 类火灾：指固体物质火灾，这种物质通常具有有机物质性质，一般在燃烧时能产生灼热的余烬，如木材、煤、棉、毛、麻、纸张等火灾。B 类火灾：指液体或可熔化的固体物质火灾，如煤油、柴油、原油、甲醇、乙醇、沥青、石蜡等火灾。C 类火灾：指气体火灾，如煤气、天然气、甲烷、乙烷、丙烷、氢气等火灾。D 类火灾：指金属火灾，如钾、钠、镁、铝镁合金等火灾。E 类火灾：带电火灾，物体带电燃烧的火灾。F 类火灾：烹饪器具内的烹饪物（如动植物油脂）火灾。

2. 扑救原则

（1）扑救 A 类火灾可选择水型灭火器、泡沫灭火器、磷酸铵盐干粉灭火器、卤代烷灭火器。

（2）扑救 B 类火灾可选择泡沫灭火器（化学泡沫灭火器只限于扑灭非极性溶剂）、干粉灭火器、卤代烷灭火器、二氧化碳灭火器。

（3）扑救 C 类火灾可选择干粉灭火器、卤代烷灭火器、二氧化碳灭火器等。

（4）扑救 D 类火灾可选择粉状石墨灭火器、专用干粉灭火器，也可用干砂或铸铁屑末代替。

（5）扑救 E 类带电火灾可选择干粉灭火器、卤代烷灭火器、二氧化碳灭火器等。带电火灾包括家用电器、电子元件、电气设备（计算机、复印机、打印机、传真机、发电机、电动机、变压器等）以及电线电缆等燃烧时仍带电的火灾，而顶挂、壁挂的日常照明灯具及起火后可自行切断电源的设备所发生的火灾则不应列入带电火灾范围。

（6）扑救 F 类火灾可选择干粉灭火器、水基型灭火器（抗复燃）、泡沫灭火器。

3. 灭火的基本方法

灭火的基本原则是一切灭火措施都是为了破坏已经产生的燃烧条件。灭火基本方法有隔离法、窒息法、冷却法、抑制法。

（二）电气火灾处理原则

电气火灾，由于通常是带电燃烧，蔓延很快，故扑救较为困难且危害极大。一旦发生了电气火灾时，应先切断电源，而后再采用相应的灭火器材进行灭火，以加强灭火效果和防止救火人员在灭火时发生触电。

（1）切断电源（停电）时切不可慌张，不能盲目乱拉断路器；应按规定程序进行操作，严防带负荷拉隔离开关，引起闪弧造成事故扩大；火场内的断路器和隔离开关由于烟熏火烤其绝缘会降低或破坏，故操作时应戴绝缘手套、穿绝缘靴并使用相应电压等级的绝缘用具。

（2）切断带电线路导线时，切断点应选择在电源侧的支持物附近，以防导线断落地上造成接地短路或触电事故。切断低压多股绞合线时，应分相一根一根地剪断，各相电线要在不同部位剪断，且应使用有绝缘手柄的电工钳或带上干燥完好的手套进行。

（3）切断电源（停电）的范围要选择适当，以防断电后影响灭火工作；若夜间发生电气火灾，切断电源时应考虑临时照明问题，以利扑救。

（4）需要电力部门切断电源时，应迅速用电话联系并说清楚地点与情况。对切断电源后的电气火灾，多数情况下可以按一般性火灾进行扑救。

（三）带电灭火注意事项

如果处于无法或不允许切断电源、时间紧迫来不及断电或不能肯定已断电的情况下，应实行带电灭火。

（1）应使用二氧化碳（无金属喇叭筒）、干粉灭火剂。这类灭火剂的灭火剂不导电，可供带电灭火；泡沫灭火机的灭火剂有一定导电性，故千万不可用来带电灭火。

（2）灭火器嘴及人体与带电体之间应保持足够的安全距离。对带电体的最小允许距离：35kV 为 60cm；10kV 为 40cm；对低压带电设备也不可太近。

（3）若高压电气设备或线路导线断落地面发生接地时，应划出一定警戒范围以防止跨步电压触电；室内，扑救人员不得进入距故障点 4m 以内；室外，不得进入 8m 以内。若必须进入上述范围内时必须穿绝缘靴，接触设备外壳和构架时，应戴绝缘手套。

（4）用水枪灭火时宜采用喷雾水枪，同时必须采取安全措施，如穿戴绝缘手套、绝缘靴或穿均压服等进行操作；水枪喷嘴应可靠接地；接地线可采用截面为 2.5～6mm²、长 20～30m 的编织软导线，接地极可用临时打入地下的长 1m 左右的角钢、钢管或铁棒。

（5）若遇到变压器、油断路器、电容器等油箱破裂，火势很猛时，一定要立即切除电源并将绝缘油导入贮油坑。坑内的油火可采用干砂和泡沫灭火剂等扑灭；地面的油火则不准用水喷射，以防止油火飘浮水面而扩大。此外，还要防止燃烧着的油流入电缆沟内引起蔓延。

（6）工作着的电动机着火时，为防止设备的轴和轴承变形，应使其慢速转动并用喷雾水枪扑救，使能均匀地冷却；也可采用二氧化碳灭火器扑救，但不可使用干粉、砂子或泥土等灭火，以免造成电机的绝缘和轴承受损。

二、消防系统组成及应用

消防系统是一种用于预防、控制和扑灭火灾的设施和设备组合。消防系统主要包括消防火灾报警系统、自动喷洒灭火系统、消防安全疏散系统、消防排烟系统、消防分隔系统等。以下主要对自动喷洒灭火系统和消防安全疏散系统、消防排烟系统、消防分隔系统进行介绍，消防火灾报警系统在"三、消防火灾报警系统"进行详细介绍。

抽水蓄能电站一般按照设备区域划分防火分区，电站配置一套集中消防控制系统，各设备防火分区配置区域火灾报警系统，每个防火分区根据设备类型不同配置不同类型灭火系统。

（一）自动喷洒灭火系统

自动喷洒系统是我国当前最常用的自动灭火设施，主要设施有自动水喷淋系统、气体灭火系统、高倍数泡沫灭火系统等。自动喷洒灭火系统主要原理是利用水压、气压使灭火介质通过管道喷洒在防护区域内，从而达到灭火功能。

自动水喷淋是通过水泵将水压入管道送至防护区内，从而达到灭火功能；气体灭火系统是通过管路将压缩气体送至防护区内；主要是针对电气电子设备区域进行灭火防护，通常采用惰性气体（七氟丙烷、二氧化碳）以冷却和隔离的方式进行灭火；高倍数泡沫灭火系统是通过水泵将灭火药剂、水混合压入管道，送至防护区，由泡沫发生器产生大量的泡沫，以冷却及隔离空气而达到灭火的功效，高倍数泡沫灭火系统在抽水蓄能电站使用较少，后续不再进行详细介绍。

自动水喷淋系统主要是针对无电气设备、非重要物资的区域灭火防护。气体灭火系统使用的区域主要是在档案室、信息室、继保室、计算机室、公用配电室、照明配电室、照明变室、厂用变压器室等场所；高倍数泡沫灭火系统主要使用在无人区域的电缆道、电缆井、柴油发电机室、油库等。

（二）消防安全疏散系统

消防安全疏散系统是在火灾发生时人员逃生时的一种指示设备，主要包括疏散指示灯、应急照明灯、消防广播、逃生路线指示、逃生路线图等。

（三）消防排烟系统

消防排烟系统是火灾时排除烟气、保障人员安全疏散和消防救援的关键设施，分为自然排烟系统和机械排烟系统两类、其核心功能是通过排烟、挡烟、控烟等手段，降低火灾现场烟气浓度和温度，为逃生和灭火创造有利条件。

消防排烟系统核心组成分为：排烟窗／口、风机、排烟管道、排烟防火阀、挡烟垂壁等。

（四）防火分隔系统

防火分隔系统是当火灾发生时，为有效地控制火灾蔓延造成更大的损失，必须对防火区域进行分区隔离，所采取的主要设施有防火门、防火卷帘门、防火阀、电缆道封堵等。在分区时应注意横向分隔和纵向防火分隔措施：横向为通道、电缆道的防火门、通风管路上的防火阀等；纵向为电缆井及管道路井的每层封堵、楼道的每层防火门、上下层通风口的防火阀等。

三、消防火灾报警系统

消防火灾报警系统是具有能在火灾初期将燃烧产生的烟雾、热量、火焰等物理量，通过火灾探测器变成电信号，传输到火灾报警控制器，并同时以声或光的形式通知整个楼层疏散，控制器记录火灾发生的部位、时间等，使人们能够及时发现火灾，并及时采取有效措施，扑灭初期火灾，最大限度地减少因火灾造成的生命和财产的损失的工具。

（一）火灾自动报警系统

火灾自动报警系统由集中火灾报警控制器、区域火灾报警控制器、计算机操作管理工作站和火灾探测器、手动报警按钮、模块、系统回路、多线手动控制盘、传输光缆、就地手动控制箱等组成。一般采取集中与分散相结合的报警及控制方式，采用光纤组网，由火灾报警控制器、区域火灾报警控制器、计算机操作管理系统工作站之间连接成一个主从控制结构的对等式网络，各节点有独立的存储单元存储自己的程序和数据，同时对等地与其他节点进行通信。消防火灾自动报警及控制系统示意图如图 5-1-1 所示。

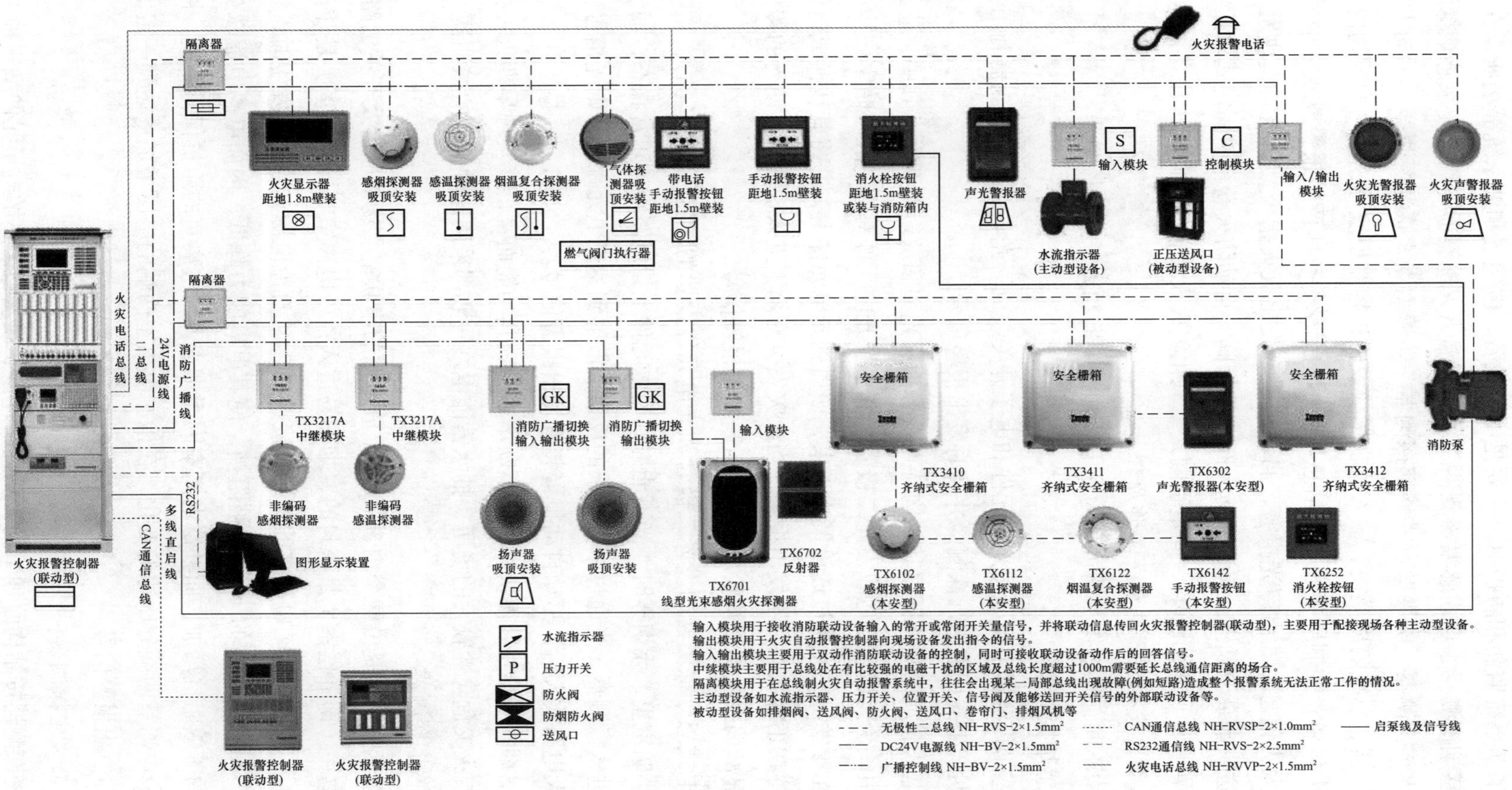

图 5-1-1　消防火灾自动报警及控制系统示意图

电站的消防系统监测和防护对象主要是电气设备、电缆层和油系统等场所，在厂房各处安装有点式感烟探测器、点式感温探测器、缆式感温火灾探测器、红外光束感烟探测器、红外紫外双鉴火焰探测器、防爆型点式感烟探测器、防爆型点式感温探测器、手动火灾报警按钮、声光报警器、总线隔离模块、输入监视模块及输出控制模块等，监测构筑物内的火情及控制消防灭火设备；控制屏接收火灾信息，显示、记录、打印产生报警或故障信号的时间、地点及有关火灾信息，发出声光报警，自动或手动发出灭火指令，向控制模块发出控制信号，控制消防供水泵、风机、空调、防火阀、排烟阀、自动防火卷帘、固定式水喷雾灭火装置的进水管操作阀（即雨淋阀）、固定管网式二氧化碳灭火装置等消防灭火设备的运行。

（二）感烟火灾探测器类型、工作原理

根据结构不同，感烟探测器可分为光电感烟探测器和离子感烟探测器。

1. 光电感烟探测器

光电式感烟探测器由光源、光电元件和电子开关组成。光电式感烟探测器利用光散射原理对火灾初期产生的烟雾进行探测，并及时发出报警信号。

一般光电式感烟探测器根据其结构特点可分为遮光型和散射型两种。其中，遮光型光电感烟探测器由一个光源（灯泡或发光二极管）和一个光电元件对应装在小暗室内构成。在无烟情况下，光源发出的光通过透镜聚成光束，照射到光电元件上，并将其转换成电信号，使整个电路维持在正常状态，不发出报警；当火灾发生有烟雾进入探测器，使光的传播特性改变，光强明显减弱，电路正常状态被破坏，则发出报警信号。

散射光电式感烟探测器的发光二极管和光电元件设置的位置不是对应的。光电元件设置在多孔的小暗室里，无烟雾时，光不能射到光电元件上，电路维持正常状态；而发生火灾时，有烟雾进入探测器，光通过烟雾粒子的反射或散射到达光电元件上，则光信号转换成电信号，经放大电路放大后，驱动自动报警装置发出报警信号。

光电式感烟探测器发展很快，种类不断增多，就其功能而言，能实现早期火灾报警，特别适用于电气火灾危险性较大的场所，抽水蓄能电站一般都采用这种类型的探测器。

2. 离子感烟探测器

离子式感烟探测器是由两个内含 Am241 放射源的串联室、场效应管及开关电路组成的。其中，内电离室（即补偿室）是密封的，烟不易进入；外电离室（即检测室）是开孔的，烟能够顺利进入。在串联两个电离室的两端直接接入 24V 直流电源。当火灾发生时，烟雾进入检测电离室，Am241 产生的 α 射线被阻挡，使其电离能力降低，因而电离电流减少，检测电离室空气的等效阻抗增加，而补偿电离室因无烟进入，电离室的阻抗保持不变，因此，引起施加在两个电离室两端分压比的变化，在检测电离室两端的电压增加量达到一定值时，开关电路动作即发出报警信号。

（三）感温火灾探测器

感温火灾探测器按结构原理不同有双金属片型、膜盒型、热敏电子元件型三种。

1. 双金属片型感温探测器

双金属片型感温探测器是由膨胀系数不同的双金属片和固定触点组成。当环境温度升高到一定值时，双金属片向上弯曲，使触点闭合，发出报警信号。

2. 膜盒型感温探测器

感热室是由壳体、衬板、波纹膜片和气塞螺钉形成的密闭气室。室内空气只能通过气塞螺钉泄漏孔与大气相通。当环境温度缓慢变化时，气室内外的空气可通过泄漏孔进行调节，使内外压力保持平衡。如遇火灾发生时，环境温度升高的速率很快，气室内外空气由于急剧受热而膨胀，来不及从泄漏孔外逸，致使气室内压力增高，将波纹膜片鼓起与中心接线柱相碰，于是接触了电触点，发出报警信号。

3. 热敏电子元件型感温探测器

热敏电子元件型感温探测器由两个阻值和温度特性相同的热敏电阻和电子开关线路组成，两个热敏电阻中一个可直接感受环境温度的变化，而另一个则封闭在一定热容量的小球内。当外界温度变化缓慢时，两个热敏电阻的阻值随温度变化基本相接近，开关电路不动作；火灾发生时，环境温度剧烈上升，两个热敏电阻阻值变化不一样，原来的稳定状态破坏，开关电路动作，发出报警信号。

（四）火灾探测器的选择

1. 根据火灾的特点选择探测器

（1）火灾初期有阴燃阶段，产生大量的烟和少量热，很小或没有火焰辐射，应选用感烟探测器。

（2）火灾发展迅速，产生大量的热、烟和火焰辐射，可选用感烟探测器、感温探测器、火焰探测器或其组合。

（3）火灾发展迅速、有强烈的火焰辐射及少量烟和热，应选用火焰探测器。

（4）火灾形成特点不可预料，可进行模拟试验，根据试验结果选择探测器。

2. 根据安装场所环境特征选择探测器

（1）相对湿度长期大于95%，气流速度大于5m/s，有大量粉尘、水雾滞留，可能产生腐蚀性气体，在正常情况下有烟滞留，产生醇类、醚类、酮类等有机物质的场所，不宜选用离子感烟探测器。

（2）可能产生阴燃或者发生火灾不及早报警将造成重大损失的场所，不宜选用感温探测器；温度在0℃以下的场所，不宜选用定温探测器；正常情况下温度变化大的场所，不宜选用差温探测器。

（3）有下列情形的场所不宜选用火焰探测器：

1）可能发生无焰火灾。

2）在火焰出现前有浓烟扩散。

3）探测器的镜头易被污染。

4）探测器的"视线"易被遮挡。

5）探测器易被阳光或其他光源直接或间接照射。

6）在正常情况下，有明火作业以及 X 射线、弧光等影响。

火灾探测器类型的选择参照表 5-1-1，探测器的使用与房间高度的关系见表 5-1-2。

表 5-1-1　　　　　　　　　　　　火灾探测器类型选择表

项目	设置场所	火灾探测器的类型											
		差温式			差定温式			定温式			感烟式		
		I级	II级	III级	I级	II级	III级	I级	II级	III级	I级	II级	III级
1	发电机室	×	○	○	×	○	○	○	×	×	×	□	○
2	电缆竖井、管道井	×	×	×	×	×	×	×	×	×	□	○	○
3	电子计算机房	□	×	×	□	×	×	×	×	×	○	○	○
4	楼梯及倾斜路	×	×	×	×	×	×	×	×	×	○	○	○
5	走道及通道	×	×	×	×	×	×	×	×	×	○	○	○
6	书库、地下仓库	□	○	○	□	○	○	○	×	×	○	○	○
7	干燥烘干的场所	×	×	×	×	×	×	□	○	○	×	×	×
8	厨房、锅炉房	×	×	×	×	×	×	□	○	○	×	×	×
9	放映室、演播室	×	×	□	×	×	□	○	×	×	○	○	○
10	娱乐场所	□	○	○	□	○	○	○	×	×	×	○	○

注　○表示适于使用；□表示根据安装场所等状况，限于能够有效地探测火灾发生的场所使用；× 表示不适于使用。

表 5-1-2　　　　　　　　　　　　探测器的使用与房间高度的关系

房间高度 h（m）	感烟探测器	感温探测器			火焰探测器
		I级	II级	III级	
12＜h≤20	不适合	不适合	不适合	不适合	适合
8＜h≤12	适合	不适合	不适合	不适合	适合
6＜h≤8	适合	适合	不适合	不适合	适合
4＜h≤6	适合	适合	适合	不适合	适合
h≤4	适合	适合	适合	适合	适合

（五）火灾探测器的布置

火灾探测器安装在各重要设备布置区及火灾易发部位。如中控室、继电保护室、计算机室、通信设备室、SFC 输入 / 输出变压器室、发电机电压配电装置室、厂用配电室、高低压空气压缩机室、电缆层、电梯机房等地均设置点式感烟探测器；发电机层、GIS 开关室设置红外光束感烟探测器；主变压器室设置红外光束感烟探测器和红外紫外双鉴火焰探测器；油库及油处理室、柴油发电机房、蓄电池室设置防爆型点式感烟探测器和防爆型点式感温探测器；在安装有固定式水喷雾灭火装置的设备区即电缆层、电缆廊道、主要电缆桥架等处均设置点式感温探测器、缆式感温探测器；在安装有固定管网式二氧化碳灭火系统的设备区即消防控制室、计算机室和继电保护室也另外设置点式感温探测器。在厂内各重要交通通道、疏散通道、走廊、楼梯口、主要设备附近安装手动火灾报警按钮、声光报警器。

（六）火灾探测器报警后的处置

一旦发生火灾，任何一个探测器探测到火警信号，控制器发出火灾报警声光信号，通知消防值班人员，值班人员根据火灾自动报警控制屏显示的报警地址到现场证实或经工业电视监控系统证实后，即可采用移动式消防设备或手动启动固定式消防设备、指挥救火。手动灭火的远方操作在火灾自动报警及联动控制屏上进行。火灾自动报警及联动控制屏也可以设定为自动灭火方式，如果某一区域内同时有感温、感烟两种类型的探测器报警或手动火灾报警按钮按下后，经控制器分析判断后自动停止对应区域内的风机、空调，关闭对应区域内的防火阀及防火卷帘，启动消防水源，投入灭火装置。

第二节　消 防 系 统 运 行

消防系统运行主要包含消防系统设备的巡检和操作，消防系统巡检包括日常巡检和设备点检，消防系统操作主要是消防控制系统以及消防灭火设备设施等操作。

一、消防系统巡检

（一）消防系统日常巡检

从事建筑消防设施巡查的人员，应通过消防行业特有工种职业技能鉴定，持有中级技能以上等级的职业资格证书或属地政府主管部门规定的相应等级职业资格证书。

消防系统巡检人员应按规定的内容和线路进行，主要检查消防设备设施运行状态是否正常，有无故障或异常报警，日常巡检每日应至少开展 1 次。

巡检主要内容：检查控制器主、备电源运行状况，控制器指示灯是否正常，控制方式是否在自动状态。检查消防管路是否完好、有无渗水，阀门位置是否正常，消火栓有无遮挡，风机运行及控制指示是否正确，防火阀位置是否正常，防火门及防火卷帘门是否正常状态；检查消防疏散指示灯是否常亮，按下试验按钮，是否能切换到备用电状态常亮。疏散标识是否正确，自发光标识牌是否完整等。

以下情况应开展设备特巡：

（1）设备新投运或检修后恢复运行。

（2）设备存在隐患，采取有效的消防安全措施运行。

（3）设备有损坏或缺陷，没有备品更换，采取有效的消防安全措施运行。

（4）有动火作业及容易引发火灾的作业。

（二）消防系统点检

点检人员在设备不退出备用情况下对其设备进行详细深入的专业巡视检查和分析，并根据设备运行状态进行必要的维护保养工作，以保证设备健康运行，原则上每周进行1～2次。

消防水系统主要检查消防水泵自动巡检记录正常，检查消火栓灭火系统阀门完好、无渗漏；水泵接合器完好、无渗漏。火灾自动报警系统主要检查主控屏和联动控制屏各个显示功能正常，干净、无灰尘；报警主机控制程序无乱码，主机功能正常干净、无灰尘。自动喷水灭火系统检查喷淋头、管道完好、无渗漏；水泵接合器完好、无渗漏；喷淋管网喷淋末端静压达到规范要求。不带锁定的明杆闸阀、方位蝶阀等阀类阀门处于全开启状态，阀类开关后不得有泄漏现象。气体灭火系统检查控制气管无变形或松脱；高压软管无变形、生锈或老化；启动瓶和药剂贮瓶压力正常，无泄漏。检查消防专用电话电话或插孔完好、干净、无灰尘。消防水池水位合格，水质良好、无浑浊。消防水管路、阀门检查无渗漏。消防补水系统水位测量装置能实时显示消防水池水位；液位检测装置报警功能正常。消防补水泵补水功能正常工作，振动正常。消火栓水压检查正常，无渗漏。

消防系统日常巡检、点检的具体内容及要求参照 GB 25201《建筑消防设施的维护管理》、GB 50974《消防给水及消火栓系统技术规范》、GB 50219《水喷雾灭火系统技术规范》等标准规范执行。

二、消防系统操作

消防系统操作主要有消防控制系统操作、消防灭火设备设施操作以及防火分割设施等操作。

（一）消防控制系统

消防控制系统至少由火灾报警控制器、消防联动控制器、消防控制图形显示装置、消防电话主机、消防应急广播等设备组成。

消防控制系统作为消防系统的核心，主要有火灾报警功能、火灾报警控制功能、故障报警功能、屏蔽功能、监管功能、自检功能、信息显示与查询功能等。

消防控制系统主要操作有信息查看、报警复归、设备自检、信息屏蔽、记录打印以及消防广播通知等，详细操作步骤因设备不同也不尽相同，具体参见现场设备操作说明，该处不详细阐述。

（二）消防灭火设备设施

1. 自动灭火系统操作

消防灭火系统具有自动控制、手动控制和机械应急手动控制三种启动灭火方式。当自动控制和手动控制不能执行时，应采用机械应急手动控制。

（1）自动灭火方式：当保护区域发生火情，火灾探测器发出火灾信号，报警控制器立即发出声、光报警，控制盘接收两个独立的火灾报警信号，发出联动指令，关闭联动设备，经过延时，发出灭火指令；打开选择阀，打开灭火剂容器阀，释放灭火剂，实施灭火。

（2）手动灭火方式（电气）：灭火系统处于手动控制方式，当保护区域确实发生火情时，只要按下手动控制盒或控制盘上相应区的紧急启动按钮，即可执行灭火功能，灭火功能及程序同自动灭火方式。在自动控制状态，仍可实现手动（电气）控制。

（3）就地应急手动启动：当保护区域发生火情，灭火控制器不能发出灭火指令时，应立即通知其余人员撤离现场，关闭联动设备；然后就地手动打开阀门，打开选择阀，灭火剂容器阀释放灭火剂，实施灭火。

2. 消火栓系统

（1）拉开消防栓门，取出水带，水枪。

（2）检查水带及接头是否良好，如有破损禁止使用。

（3）向火场方向铺设水带，注意避免扭折。

（4）将水带与消防栓连接，将连接扣准确插入滑槽，并按顺时针方向拧紧。

（5）连接完毕后，至少有两名操作者紧握水枪，对准火源（严禁对人，避免高压水伤人），另外一名操作者缓慢打开消防栓阀门至最大，对准火源根部喷射灭火，直至将火完全扑灭。

3. 灭火器

各类灭火器使用方法参见灭火器本体操作使用说明，该处不再详细介绍。

（三）防火分隔设施

消防分割设施操作主要是防火卷帘门操作，防火卷帘门操作如下：

（1）联动控制：由装设于防火卷帘门就近两个烟感探测器动作后，通过该区火警系统从机控制联动关闭该防火卷帘门。

（2）中控室远控：手动在火警报警控制屏上按防火卷帘门关闭按钮。

（3）就地手动：在防火卷帘门两端墙体上设置启闭装置控制，可根据需要手动开启／关闭防火卷帘门。

三、消防应急处置

（一）一般火灾处理流程

消防控制值班人员发现火灾报警系统出现报警后，应及时做出反应，并按如下的流程进行处置：

（1）在接到火警显示后，应保持镇定、不得慌乱。

（2）接到控制设备报警显示后，应首先在系统报警点位置平面图中核实报警点所对应的部位。

（3）消防控制室领班派一名值班人员或通知保卫人员持通信工具和灭火器迅速赶到报警部位核实情况，领班留在控制室内随时准备实施系统操作。

（4）值班人员和保卫人员现场核实报警部位确实起火后，应立即通知消防控制室，根据火情进行现场灭火或紧急撤离。

（5）在消防控制室负责人接到通知后，应将系统联动控制装置调整到自动状态，采用消防控制室火灾事故广播系统、紧急撤离声光报警系统、手机通信系统等通知有关部门和有关人员组织疏散和自救工作。

（6）同时立即向上级报告并拨打电话"119"，向公安消防机构报警，说明发生火灾的单位名称、坐落地点、起火部位、联系电话、火势大小、有无人员被困等基本情况。

（7）消防控制室负责人要监视系统的运行状态，保证火灾情况下自动消防设施的正常运行。

（二）主变压器消防动作应急处置

正常情况下主变压器消防控制方式应置于自动控制模式，主变压器发生火情后消防系统自动启动，即可启动主变压器消防动作喷水；当消防自动投入失效时，应将主变压器消防控制方式切至手动模式，手动投入消防装置：即在就地按下手动投入按钮或者在中控室按下消防投入按钮，手动启动主变压器消防喷水。当上述两种方法均无法启动主变压器消防喷水时，应采用就地紧急投入主变压器消防：即就地手动打开主变压器消防喷淋控制阀，打开消防雨淋阀即可立即启动消防喷水。

（三）发电机消防动作应急处置

发电电动机附近可闻到焦味，集电环室或风洞有冒烟或明火现象，发电电动机消防出现报警，相应的保护动作。处理原则：

（1）确认发电电动机着火后，立即按机组电气跳机按钮，跳开机组开关和励磁开关，通知消防队，汇报调度和厂站领导。

（2）禁止打开集电环室和风洞门，在确认机组开关和励磁开关跳开后，启动发电电动机消防系统，对发电电动机进行灭火。

（3）灭火过程中，在火没有被完全扑灭之前，现场处置人员禁止进入风洞内部，禁止用砂或泡沫灭火器灭火，现场处置人员均应佩戴正压式呼吸器。

（4）视火灾情况，考虑火情对周围设备的影响，停周围相关设备。

当发电电动机消防喷水后，必须对发电电动机定子、转子进行干燥处理。

第三节　消防系统检修

一、消防系统日常维护

消防系统相关设备设施维护应按照相关规程规定开展，维护项目和维护周期应满足现场实际需求。对于在维护当中发现的不合格产品，要及时进行更换，设备的运行状态及运行方式不能随意更改。

（一）火灾报警及控制系统维护

火灾报警及控制系统的定期维护应符合下列要求：

（1）每日检查中控室火灾报警工作站及中控楼气体灭火控制器的功能；检查控制器主、备电源运行状况，控制器指示灯是否正常，控制方式是否在自动状态。

（2）每月进行一次全厂消防报警控制器及火灾报警系统的检查。内容包括：设备运行的情况（正常或故障），报警设备的报警性质（火警、误报、故障报警、漏报），报警的部位、原因、处理的情况和登记的时间；检查所有的转换开关的位置，保证处于规范规定的工作状态，并作记录。

（3）每季度应检查和试验火灾自动报警系统的下列功能，并填写季度登记表：采用专用检测仪器分期分批试验探测器的动作及确认灯显示；用自动或手动检查防排烟设备、电动防火阀、防火卷帘门、排烟风机、送风机，非消防电源的切断，消防电梯等消防控制设备的控制、显示功能，其控制功能和信号均应正常；对备用电源进行1～2次的充放电试验，对主电源和备用电源进行1～3次的自动试验；试验火灾报警装置的声光报警功能应正常。

（4）每年对火灾自动报警系统功能应做全面检查和试验（内容包括以上检查和试验项目），并填写检查试验结果。

（5）探测器投入运行两年后，应每隔三年全部清洗一遍；并做相应的阈值及其他必要的功能试验，合格的方可继续使用，不合格的严禁使用；各种报警设备应有一定数量的备品，其数量不应小于安装总数的1%，且每种备品不少于10个。

（二）消防喷淋水灭火系统维护

消防喷淋水灭火系统应定期维护，并填写维护登记表。

（1）每周进行一次水灭火系统的管路、阀门及管路中水压力的检查，目测巡检管路完好无渗漏，阀门位置处于准工作状态，喷淋系统水压力处于0.4～0.6MPa。

（2）每月进行消防水泵、喷淋水泵的启动试验，查看水泵的控制电气是否正常，检查电压、启动电流；查看水泵的动作情况，转向和电机的声音，以及启动后管路中的压力表的压力情况。进行喷淋头检查，要求无渗漏，喷头上无异物，如有应及时更换和清除；进行消防水泵接合器的接口及附件检查，应保证接口完好，无渗漏，门盖齐全；消火栓应进行压力测试和放水试验，压力应在0.5～0.8MP，放水时间应在3min以上不断水源。

（3）每季度进行喷淋水系统的水流指示器和湿式报警阀的报警试验，动作正常，警铃鸣响，信号反馈应正确，并与水泵启动联动；进行消防管路的室外阀门、水泵进水控制阀门检查，确认处于全开启状态。

（4）每年进行一次火灾报警系统和自动喷水系统的远方手动或系统自动联动启动试验，及主备用给水泵的自动切换的试验1～3次，运行的时间不少于3min，要求设备动作，信号及警报声准确反应；备有各种不同规格的喷头，其数量不应小于安装总数的 1%，且每种备品不少于 10 个。

（三）气体灭火系统维护

气体灭火系统主要维护工作是定期对气体灭火系统进行检查，并做好检查记录，同时应保持系统连续正常运行。维护工作内容如下：

（1）每月对系统进行检查，检查内容及要求如下：灭火剂储存容器、选择阀、气体单向阀、高压软管、集流管、阀驱动装置、管网与喷嘴等；全部系统组件进行外观检查；系统组件应无碰撞变形及其他机械性损伤，表面应无锈蚀，保护涂层应完好，铭牌应清晰，手动操作装置的防护罩、铅封和安全标志应完整；灭火剂储存容器内的压力，不应小于设计储存压力的 90%；气动驱动装置的气动源压力，不应小于设计压力的 90%。

（2）每年应对气体灭火系统进行两次全面的检查，检查内容及要求如下：防护区的开口情况、防护区的用途及可燃物的种类、数量、分布情况，应符合设计规定；灭火剂贮气瓶室设备、灭火剂、管道和支吊架的固定等应无松动；高压软管应无变形、裂纹及老化，必要时对高压软管进行水压强试验和气压严密性试验。各喷嘴孔口，应无堵塞。灭火剂的输送管道有损伤与堵塞现象，应进行严密性试验和吹扫；根据厂区检修情况，对每个防护区进行一次模拟自动、手动启动试验。要求有关的联动设备动作正确，符合设计要求。有关的声、光报警符合设计要求；指示灯的显示和压力表测定的气压足以驱动容器阀和选择阀的要求。如有不合格，应在排除故障后对相关防护进行一次模拟喷气试验。

（四）应急逃生设备设施维护

（1）每周对疏散指示系统进行巡检，查看指示牌是否完好，有无脱落及破损，检查疏散指示灯箱是否正常工作，如有缺陷应及时处理。

（2）每季度进行一次系统测试，如有指示不明确，进行完善处理；疏散灯箱不能进行蓄电池切换的做更换处理。

二、消防系统试验检测

消防系统的试验与检测是检验消防系统能否正常工作的重要手段，提早发现设备缺陷，是电站消防系统持续稳定运行的重要保障。

（一）消防自动报警系统试验

自动报警试验目的是检查自动火灾报警控制器、探测器及联动功能是否正常。

1. 试验条件

（1）试验区域没有故障及报警探头。

（2）控制器主备电源、手动试验联动设备应动作正常。

（3）确定联动设备不影响电厂的生产。

（4）准备好试验工具（包括图纸、逻辑表、梯子、对讲机、烟 / 温试验工具等）。

2. 试验步骤

（1）确定试验探头（位置），根据动作逻辑确定具体的联动设备、数量和位置（防火阀、风机、卷帘门、电梯、广播等）。

（2）对喷烟探头进行试验。

（3）检查联动多方动作情况（后果），并进行复位操作。

（4）处理试验中所发现的问题，记录试验数据。

3. 注意事项

（1）试验中不可触动不属于试验范围内的一切开关设备。

（2）严禁进入高压带电区试验。

（3）试验结束后，恢复所有动作设备至正常待命状态。

（二）消防喷淋水试验

消防水泵、喷淋水泵的启动试验每月一次，试验目的是检查消防水泵系统的各种设备是否正常，消防、喷淋泵启停是否正确（自动和手动），以及自动报警的联动控制功能是否完好；试验过程中查看水泵的控制电气回路是否正常，水泵的动作情况，转向和电机的声音，以及启动后管路中的压力表的压力情况，并做好记录。

1. 试验条件

（1）火灾报警系统控制器无火灾报警信号，无输出24V联动电源。

（2）消防水泵房：喷淋、消防泵的控制柜的电源及开关处于待命状态，喷淋、消防泵的出水管阀门关闭，打开回水闸阀，回水到消防水箱内。

（3）消防泵室通信正常。

（4）准备好试验工具（包括图纸、逻辑表、梯子、对讲机、烟/温试验工具等）。

2. 试验步骤

（1）喷淋水泵自动启动试验。喷淋水泵自动启动试验时，将水泵控制开关处于"自动"位置。

1）用烟/温试验工具模拟浓烟/高温情况使相应探测器动作。

2）打开楼层喷淋水管排水阀（有关水流指示器动作，湿式报警阀压力开关动作）。

3）喷淋泵启动，防火阀关闭，风机电源切除。

4）检查报警控制器上的信号，联动设备返回信号是否正常。

5）复位：停止水装置泵，复位探测器，关闭楼层末端试验阀（喷淋泵控制柜上复位，按钮复位）。

6）重复试验：所有区域重复试验，启动时间为5~10min，其他全部相同。

（2）喷淋泵远方控制试验。消防报警主机上按下喷淋泵启动按钮（喷淋泵泵房控制处于"自动"位置）。

1）主机上喷淋泵启动信号正常。

2）在电站消防联动控制柜上，按下喷淋泵停止按钮停泵。

3）复位所有动作信号及监视模块。

4）将泵房控制柜上的切换开关切于"0"位置。

（3）消火栓泵启动试验（使水泵具备回水到水池中的隔离措施）。

1）火栓泵室的控制柜上的开关切于"自动"位置。

2）用消火栓箱内的启动按钮，启动消火栓泵（按钮上的指示灯亮）。

3）监视：消火栓泵启动正常，盘上的投入指示灯亮；主机显示器上显示反馈信号。

4）复位所有开关、按钮以及信号监视模块、火灾探测器。

（三）气体灭火系统试验

每年对每个防护区进行一次模拟自动启动试验，要求有关的联动设备动作正确，符合设计要求；有关的声、光报警装置均能发出符合设计要求的正常信号；指示灯显示和压力表测定气压足以驱动容器阀和选择阀的要求。如有不合格，应在排除故障后对相关防护区进行一次模拟喷气试验。

1. 试验条件

（1）气瓶关闭、电控制回路断开，断开启动瓶电磁阀电源；拆除启动瓶组启动管路。

（2）在控制柜上设置运行状态为自动，报警系统无报警及探头故障。

（3）投入联动设备的电源（防火阀，风机等）。

2. 试验步骤

（1）自动控制联动试验：

1）把控制柜上的切换开关（按钮）切于"自动"位置。

2）用烟/温试验工具模拟浓烟/高温情况使试验区域相应探测器动作。

3）监视控制柜上的信号及联动指示灯。

4）检看区域报警盒是否动作（声光报警）及联动设备，防火阀、风机是否关闭。

5）在贮气瓶室，测量报警30s后，试验区域的电磁阀电源线上是否有24V电源输出，如有为正常；再次试验紧急切断按钮。

注：二氧化碳灭火系统，根据人员疏散要求，宜延迟启动，但延迟时间不应大于30s。

6）测试气体压力，并记录所有相关数据。

（2）手动控制试验：

1）把控制柜上的切换开关切至"手动"状态。

2）按控制柜上对应试验区域的紧急启动按钮。

3）监视控制柜上的信号及相应的区域的声光报警器。

4）测试在按动按钮30s后，电磁阀上是否有24V电源输出，如有则为正常。

5）再次试验区域门口及控制柜上的紧急切断按钮。

6）记录相关数据。

7）复位所有设备，系统设为正常待命（手动）状态，复位所有信号。

注意：必须保证不会误喷释气体。按照程序进行，试验人员及时反映监视情况及故障。以便确定下一步试验，并记录试验数据。

（四）发电机消防模拟喷淋试验

每年对机组进行一次发电机消防模拟喷淋试验，要求有关的联动设备动作正确，符合设计要求；如有不合格，应在排除故障后再进行一次模拟喷淋试验。

1. 试验条件

（1）发电机消防系统进水阀关闭。

（2）发电机消防控制方式为自动，报警系统无报警及探头故障。

（3）一人在控制器旁进行消声和复位操作，一人在监控系统检查报警信号，另一人进入风洞检查试验。

2. 试验步骤

（1）用电源线盘及插座接好热风机电源，并用万用表检查是否有电。

（2）带上热风机进入风洞，沿发电机上机架下方用热风机吹感温探测器直至报警，报警后控制器消声复位和记录。

（3）依次对其余温度探测器进行模拟试验。

（4）用点烟器或香烟对烟雾探测器喷烟直至报警，报警后控制器消声复位和记录。

（5）依次对其余烟雾探测器进行模拟试验。

（6）用上述方法使一台温度探测器和一台烟雾探测器同时报警，检查跳闸信号出口情况。

（7）模拟保护信号动作，同时使一温度探测器和一烟雾探测器同时报警，检查跳闸信号出口及消防喷淋电磁阀动作情况（试验前务必确认消防喷淋装置前的隔离阀在关闭状态，并将喷淋电磁阀动作线圈阀上取下）。

（8）模拟保护信号动作，同时使任一火灾探测器和手动按钮动作报警，检查跳闸信号出口及消防喷淋电磁铁的动作情况。

（9）试验过程中若发生异常情况，应在排除异常或消除故障后重新进行模拟试验并做好记录。

注：不同电厂机组消防动作逻辑可能存在差别，试验时以现场实际逻辑为准。

（五）主变压器消防喷淋试验

每3年对主变压器进行一次主变压器消防喷淋试验，要求有关的联动设备动作正确，符合设计要求。

1. 试验条件

（1）主变压器停电。

（2）主变压器消防控制方式为自动，报警系统无报警及探头故障。

（3）主变压器室内各控制柜及端子盒等做好防护措施。

2. 试验步骤

（1）通过主变压器消防动作逻辑（模拟感温探测器、感烟探测器、主变压器不带电等信号）动作雨淋阀或者使用手动打开雨淋阀控制阀方式打开雨淋阀喷水。

（2）试验过程中若发生异常情况，应在排除异常或消除故障后重新进行模拟试验并做好记录。

（3）试验完成后复位雨淋阀，清扫地面水渍和管路积尘。

注：不同电厂主变压器消防动作逻辑可能存在差别，试验时以现场实际逻辑为准。

思 考 题

1. 生产现场一油管道发生火灾，应如何扑救？

2. 简述电站内各区域已配置哪种类型的灭火装置。

3. 消防系统显示地下厂房电缆道出现火情，该如何处置？

4. 中控室出现火情会启动何种灭火系统，如何操作？

5. 主变压器消防动作后如何处置？

6. 发电电动机消防动作后会直接喷水吗，为什么？

7. 简述发电机消防日常维护周期与内容。

第二篇

金属结构运检

第六章 金属结构概述

本章概述

本章包含闸门的种类和定义、拦污栅的结构及作用、启闭机的分类及作用3部分内容，重点描述了闸门、拦污栅及启闭机的分类、结构特点及一般设计规定等内容，方便运维人员更好的了解闸门设备的布置、结构及设计的初步要求，指导初学者开展闸门系统运维管理相关工作，同时为设备主人开展闸门系统检修打下坚实的基础。

学习目标

学习目标	
知识目标	1. 熟悉闸门的功能，分类和不同结构。 2. 了解各种不同类型的闸门的特点、作用和应用场景。 3. 熟悉拦污栅的结构、功能和布置方式。 4. 熟悉启闭机的分类和作用。 5. 了解不同类型启闭机的结构、特点和优缺点。
技能目标	—

第一节 闸门的种类和定义

一、闸门的定义和功能

按 SL 26—2012《水利水电工程技术术语》对水闸的定义是：由闸墩支撑的闸门控制流量、调节水位的中低水头水工建筑物。广义的闸门包括闸门、闸门埋件、启闭设备和相关的水工建筑物；狭义的闸门，只包括闸门本身和埋件。对于抽水蓄能电站，闸门的作用主要用于挡水和控制下泄流量。

闸门按照工作性质可以分为：工作闸门、检修闸门、事故闸门、泄洪闸门。闸门可以承担单一的功能如检修，也可以同时承担多种功能。

工作闸门平时用于挡水，以维持水库在正常蓄水位以下运行。

检修闸门用于系统或设备正常维修时临时挡水，一般在工作门挡水或机组停止运转时下闸关门挡水，开启前其两侧需充水平压，静水开启。

事故闸门是在设备运行过程中，为应付突发事故紧急关闭时使用。事故闸门在设计与制造时须保证其在动水作用下能可靠关闭，开启时一般应先充水平压，静水开启。根据电站的设计要求，事故闸门一般对关闭时间有要求。

泄洪闸门泄洪时开启，可调节下泄流量和控制上游水位。

二、常见闸门的结构闸门

闸门按照结构形式可以分为：平面闸门、弧形闸门等。

（一）平面闸门的特点和结构

平面闸门在抽水蓄能行业使用最广，一般用作检修和事故闸门。平面闸门的结构和普通的闸阀类似，平板闸门由平直面板、构架、支承行走部件、吊具、止水装置部件等组成，运动时在门槽内直升直降。平面闸门可以由卷扬启闭机、液压启闭机或螺杆式启闭机操作（后一种多用于水利灌溉工程）。

1. 平面闸门的结构

平面闸门是应用广泛的一种门型，和弧形闸门相比，平板闸门有如下特点：

（1）闸门结构简单，制造、安装和运输方便，造价低。

（2）门叶可以调出孔口维修、互换，可以一门多孔；门叶可以在高度上分为几段，如某些检修闸门采用叠梁门，根据水位叠放若干段。

（3）启闭设备简单，利于采用移动式启闭机，实现一机多门，同时启闭力大。

（4）平板闸门薄，需要的闸墩长度短，要吊出闸门，需要较高闸墩或工作桥。

（5）平板闸门依靠门槽支撑，闸门凹槽对水流有不利影响。

2. 平面闸门的结构

平面闸门结构主要包含面板、构架和支承行走部件。平面闸门的面板位于闸门的上游面，一般用平板钢板制作而成，主要作用是挡水。构架是由梁系组成的框架，又称梁格，一般由水平次梁、垂直交梁（或称垂直隔板）、主梁、边梁组成。面板与构架组成板梁系统，共同承受水压力。上游水压力作用在面板上，面板将力传递到次梁，次梁又传递给主梁，最后传递给支承行走部件。平面型闸门结构示意图如图6-1-1所示。

平面闸门的行走支承装置按移动阻力形式分为滑动式和滚动式。其中，滑动式行走支承多为金属滑块，沿埋设在混凝土内的滑道行走；滑道材料有压合胶木、填充聚四氟乙烯板、填充尼龙和钢基铜塑复合板等。滚动式行走支承形式有滚轮和链轮，滚轮式支承的综合摩擦系数是滑动式支承的$1/2 \sim 1/3$；链轮式更小，多用于大型闸门。

闸门与启闭机的吊具或吊杆相连接的地方称为吊耳。平面闸门的吊耳一般设在门叶顶部。弧形闸门可以将吊耳设在闸门的顶部，称为上吊点；也可将吊耳设在闸门的底部，称为下吊点。吊耳一般设置在边梁或竖向隔板的顶部。闸门吊耳分为单吊点和双吊点，较宽的闸

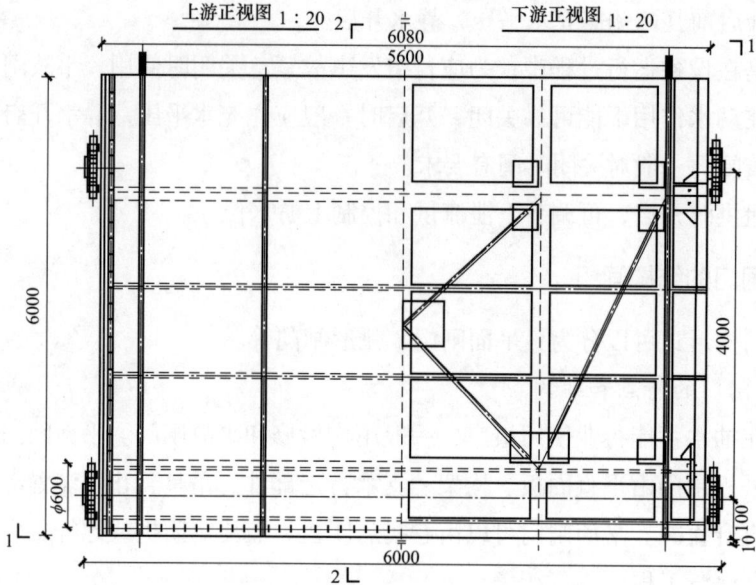

图 6-1-1　平面型闸门结构示意图

门采用双吊点。单吊点的吊耳布置在闸门重心垂线上；双吊点的吊耳对称于闸门重心垂线，使其在起吊过程中不至于偏斜。

闸门面板和底部设置水封，顶、侧水封一般为圆头 P 形橡皮，底水封为条形橡皮，对于高水头闸门，采用适应高水头其他形式和性能止水装置。

平面滚动闸门主要支承行走机构一般采用定轮支撑。平面滑动闸门主要支承采用高强度钢基铜塑复合滑道或铜基镶嵌复合滑道，反向导向采用板弹簧和金属限位块形式，板弹簧上部固定复合材料滑块，侧向导向采用复合材料滑块。

（二）弧形闸门的特点和结构

弧形闸门也是用得较为广泛的一种门型，弧形闸门有潜孔式和露顶式两种。弧形闸门的门叶靠启闭机械的牵引可绕固定的水平铰轴转动，启门时只需要克服闸门的自重以及水与铰轴的摩擦阻力与轴心的阻力矩，因此弧形闸门的启闭省力、迅速、运转可靠。由于弧形闸门不需要门槽，泄流时水流态较好，因此弧形闸门普遍用作高水头工作闸门和需要局部开启控制流量的工作闸门。

1. 弧形闸门的优点

弧形闸门的优点如下：

（1）可封闭相当大面积的孔口。

（2）所需闸墩高度和厚度较小。

（3）没有影响水流流态的门槽。

（4）所需的启闭机较小。

（5）埋设件较少。

2. 弧形闸门的缺点

弧形闸门的缺点如下：

（1）需要较长的闸墩。

（2）闸门所占的空间位置较大。

（3）不能提出孔口以外进行检修维护，不能在孔口间互换。

（4）闸门承受的总水压力集中于支座处，对土建结构要求较高。

（5）铰轴处维修存在一定的难度。

弧形闸门的铰轴一般布置在弧形面板的曲率中心，故作用在面板上的全部水压力通过铰轴中心。当孔口关闭时，水压力经门叶梁系及支臂传给铰轴，最后把水压力传到闸墩上。弧形闸门的铰轴宜布置在不受水流和漂浮物冲击的高程上。铰轴位置越高，闸门面板曲率半径R值也应随着增大，否则静水压力会加大，门不稳定，底缘布置困难；当支臂加长时，闸墩也应相应加长，但启闭力可以减少。

3. 弧形闸门的结构

弧形闸门根据主梁的布置可分为主横梁式和主纵梁式。

对于宽/高比值较大的弧形闸门，宜采用主横梁结构（见图6-1-2），由面板（或叫

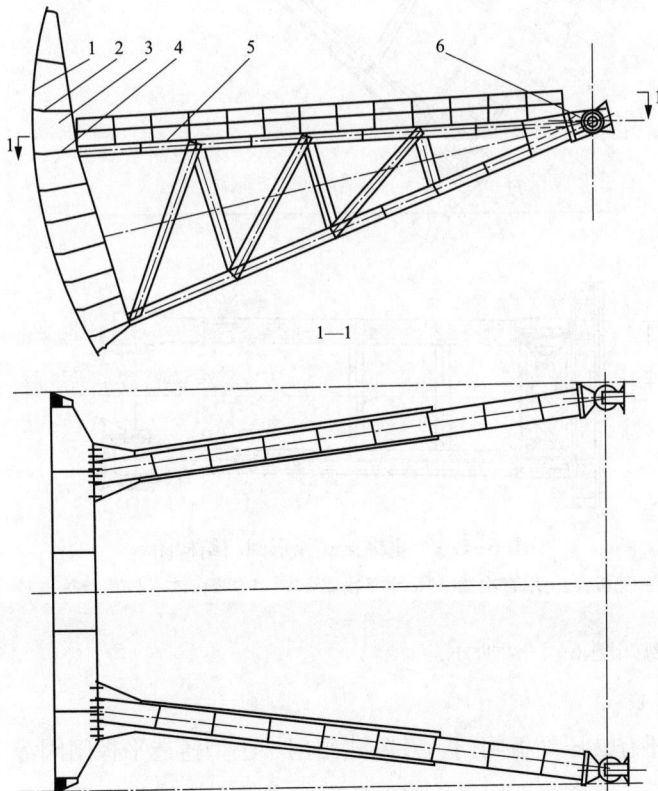

图6-1-2　主横梁式弧形闸门结构图

1—面板；2—水平次梁；3—竖向次梁（隔板）；4—主横梁；5—支臂；6—支铰

门叶）、主梁、次梁、支臂、支铰、吊耳等组成，一般由液压启闭机或卷扬启闭机操作。水平主梁与左右支臂相连，构成一刚性承重结构，称之为主框架。弧形闸门一般采用双主梁模式，当门高较大时，才考虑使用三个主框架，但其结构复杂，制造安装难度大，很少采用。主横梁式弧形闸门门叶的梁系结构布置与平面闸门相似，由主梁、水平次梁、竖直次梁（隔板）、边梁等组成。实腹式结构一般采用等高连接，此时竖直次梁（即隔板）与面板接触的一边为圆弧形。主横梁与支臂之间一般用螺栓连接成刚性框架。对宽高比较小的弧形闸门如果仍用主横梁式，其上悬臂部分过长，弧门整体刚度将较差，故可采用主纵梁式弧形闸门（见图6-1-3）。主纵梁式弧形闸门的组成与主横梁式基本相同，但其主梁为竖向设置，主纵梁与上下两个支臂构成三角形主框架。一般与主纵梁平行设置有多根小纵梁。而与主纵梁垂直处，则布置有横向隔板。

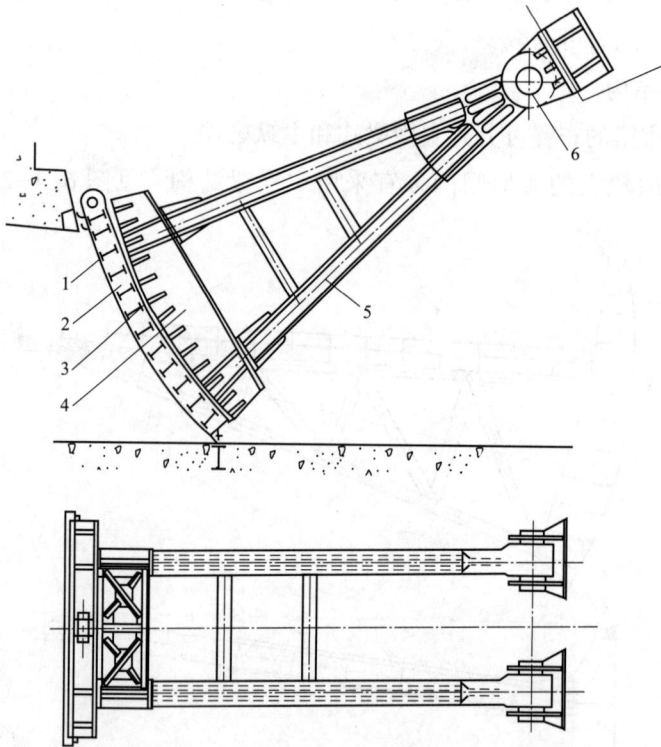

图6-1-3 主纵梁式弧形闸门结构图

1—面板；2—垂直次梁；3—水平次梁；4—主纵梁；5—支臂；6—支铰

弧形闸门的实物如图6-1-4所示。

（三）其他闸门形式

其他闸门形式还有液压翻板闸门、升卧式闸门、小型铸造平板闸阀等。在抽水蓄能电站应用较少，因此不再一一介绍，如遇相关设备，可自行查阅相关的资料。

图 6-1-4　弧形闸门实物图

（四）闸门设计一般规定

1. 上水库进 / 出水口系统

（1）上水库进 / 出水口闸门：一般应在上水库进 / 出水口与每条引水道衔接的水平段适当位置设置一道事故闸门。当高压管道和厂房对该闸门有快速闭门要求时，应结合水工建筑物的布置，在该处设置一道快速闸门。

（2）事故闸门：在每条引水隧洞闸门井段的闸门井内每孔布置 1 扇事故闸门，该闸门能在主进水阀或高压管道等出现事故时动水闭门，切断水流，防止事故扩大。

2. 下水库进 / 出水口系统

（1）下水库进 / 出水口闸门：对于长尾水系统，应在每台机组尾水支管的适当位置设置一道尾水闸门，当尾水闸门采用高压闸阀式闸门时，应在每条尾水道和下水库进 / 出水口衔接处的适当位置布置一道检修闸门。

对于短尾水系统，尾水闸门应设置在每条尾水道和下水库进 / 出水口衔接处的适当位置，当尾水闸门为事故闸门时，一般应在事故门的下水库侧设置一道检修闸门。

（2）事故闸门：对于短尾水管电站，在每条尾水隧洞出口闸门井段的闸门井内布置 1 扇事故闸门，为检修机组、尾水隧洞时能封堵下水库的水源或当地下厂房内与尾水隧洞相连接的管路等部件出现事故时，能截断下水库的水流，达到保护机组、避免水淹厂房等事故的发生。

（3）检修闸门：对于短尾水管电站，在下水库进 / 出水口事故闸门的下水库侧设置一道检修闸门，以便在机组大修时，封堵来自下水库的水源，为检修事故闸门和门槽及其启闭机提供条件。每个尾水隧洞出口处均设置 1 套检修闸门门槽，多套门槽共用 1 扇闸门。

第二节 拦污栅结构及作用

一、拦污栅配置原则

设置拦污栅的进/出水口建筑物应具有良好的水力学特性，必要时应通过水力学模型试验进行优化，达到进/出水流平顺、均匀。一般情况下，通过拦污栅断面的平均出水流速不宜大于 1.2m/s，拦污栅的结构应进行静力核算和动力核算。

国内严寒地区已建水电站多年运行情况表明，当拦污栅在最低运行水位以下 2～3m 时，一般不会被冰凌、冰块堵塞。抽水蓄能电站上/下水库进/出水口拦污栅防冰设计宜从布置上考虑，将拦污栅布置于最低运行水位以下 2m，一般不再考虑其他防冰冻措施。

二、拦污栅的作用和布置

取水建筑物中，拦污栅不可缺少。拦污栅用于拦阻水流中携带的污物（树木、杂草、浮冰、较大的水生物、垃圾等），使污物不易流入水道中，保护机组等设备、结构的运行安全。

拦污栅的布置，需要考虑的主要因素有：

（1）工程的大小、建筑物的等级及引水方式。

（2）进水口的形式、用途、位置及其在水下的深度。

（3）管道的引用流量及允许过栅流速。

（4）水流所挟污物的性质、大小和数量、机组、闸门或阀的类型尺寸。

（5）气候条件及水库水位的变化情况。

（6）清污方式。

（7）寒冷地区还应考虑结冰、融冰的问题。

在污物较少的地区，可设置一道拦污栅，在污物较多的地区，宜考虑排污设施，并考虑设置两道拦污栅或采用连通式布置，此外还应设置有效的清污和泄污设置。为节省投资，在污物不多的情况下，拦污栅也可以与检修闸门共用一个门槽。一般情况下，抽水蓄能电站只需要设置一道拦污栅。

拦污栅在平面上的布置形状有直线、折线、曲线、多边形布置等。当污物不多且进水口过流面积足够大时，一般采用直线布置；当污物较多，进水口为了获得较大的过水面积和降低过栅流速，可采用折线、曲线布置；当进水口伸入水库中的塔式结构时，拦污栅可沿着塔身周围布置，在平面上呈多边形。拦污栅的布置如图 6-2-1 所示。

拦污栅一般设置在进/出水口检修闸门和工作闸门的上游侧，也可以装在检修闸门和工作闸门之间，这种设置便于拦污栅在孔口检修。抽水蓄能电站的拦污栅一般设置在上下水库的进/出水口闸门的上游侧。

当水库存在低水位或放空时段，且该时段满足拦污栅维修要求时，拦污栅宜采用固定式

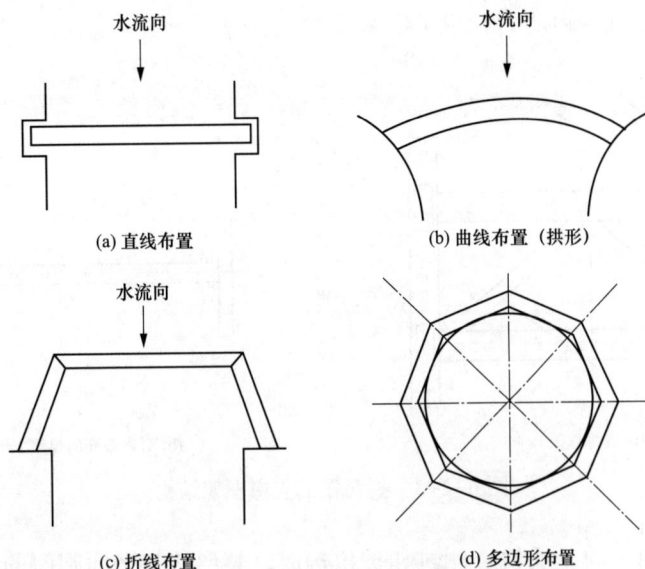

(a) 直线布置　　　　　(b) 曲线布置（拱形）

(c) 折线布置　　　　　(d) 多边形布置

图 6-2-1　拦污栅的平面布置

或活动式，可不配置专用的永久启闭设备；否则，拦污栅应采用活动式，并结合水工建筑物的布置，通过技术经济比较后，合理地配置专用永久启闭设备。

三、拦污栅的结构

拦污栅包括栅叶和栅槽埋件两部分。栅叶由栅面和支撑框架构成，栅面是数块栅片连接排列而成，栅片由平行布置的金属栅条连接而成，连接的方式有螺栓连接和焊接两种。螺栓连接的拦污栅，栅片和栅条均可拆卸和更换，其栅片用长螺栓将平行放置的栅条贯穿于一起；焊接式的拦污栅，其栅条与肋板焊接在一起构成栅片，栅片上的栅条则直接焊在支撑框架上，形成了栅面。焊接式拦污栅整体刚度较好，一般抽水蓄能电站多采用焊接式的拦污栅，如图 6-2-2 所示。

拦污栅的支撑框架结构与平面闸门类似，由主梁、边梁、纵向连接和支撑组成。对于尺寸大的拦污栅，为了方便运输和安装，可以分节设置，分节的高度一般在 3.5m 以下。节与节之间的连接

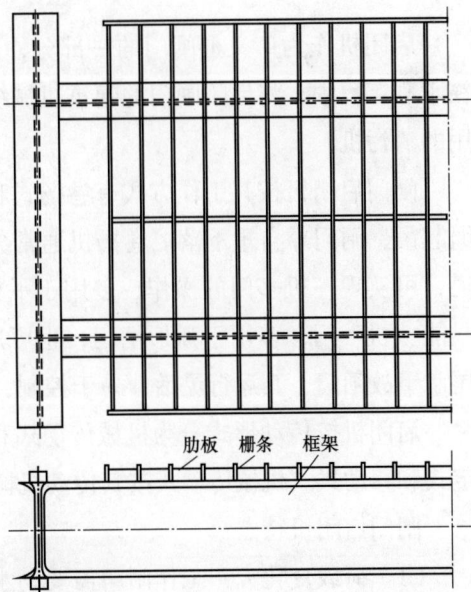

肋板　栅条　框架

图 6-2-2　焊接连接的拦污栅

可以在边梁腹板上用连接板和轴相连，并应考虑设置起吊时的锁定装置。为了减少起吊设备的容量，节与节之间也可以不设连接装置，但起吊设备应配置自动挂脱梁。

拦污栅的支撑和平面闸门类似，一般采用滑动支撑（见图 6-2-3），当要求在一定水头

下动水提栅时，为了减少启闭力，也可以采用轮式支撑。

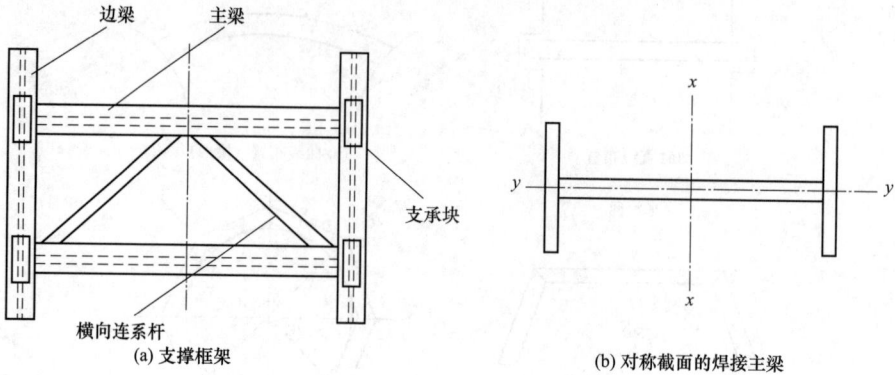

(a) 支撑框架　　　　　　　　(b) 对称截面的焊接主梁

图 6-2-3　拦污栅的支撑框架结构

拦污栅的埋件由主轨、反轨、侧轨和护角构成，其形式与平面闸门的门槽类似，但不设置止水装置底板。

第三节　启闭机的分类及作用

一、启闭机的分类

启闭机作为广义上闸门的一部分，用于操作门叶的移动，达到开启、关闭孔口的目的。在水利工程中，将启闭闸门的起重机械统称为启闭机设备，包括启闭闸门的启闭机、拦污栅用的清污机。

闸门启闭机按其工作方式有卷扬式和液压式。卷扬式启闭机多用于检修门，其采用钢丝绳起吊，闸门靠自重下落。卷扬机通常分为固定式和移动式，移动式卷扬机通常设有固定轨道，可实现一机多门的操作，多用于平板工作闸门或检修闸门；固定式卷扬机在固定位置，只能一机一门，多用于弧形闸门，也可用于平板闸门。液压式启闭机多用于上库事故闸门、尾水事故闸门，其运行灵活，易于控制，启闭快速，维护相对简单。

启闭机按传动形式分为机械传动式和液压传动式。机械传动的启闭机按布置形式分为固定式和移动式。机械传动式按其传动机械分为卷扬式、螺杆式、链式、连杆式等。

闸门启闭机特点：

（1）荷载变化大：工作闸门需要动水启闭，启门力包括门叶自重、行走阻力、配重或水柱压力、上托力、下吸力等。除了自重外，其他几种力都与闸门承受的水压力有关，而闸门的水压力是随门叶移动而变化的。因此，启闭力的荷载是不断变化的，变化幅度很大且非常不均匀。

（2）启闭速度低。多数启闭机的工作速度很低，一般在 $1 \sim 2 \text{m/s}$。

（3）工作级别低，但要求绝对可靠。泄水闸门、尾水闸门、快速事故闸门等平时极少使用，但使用时绝对不允许故障，所以，平时要注意维修保养。

（4）双吊点要求同步。大跨度闸门上具有两个吊点，这类闸门需要两套容量相同的启闭机构。为了保证闸门启闭顺利，要求两套机构同步运行，否则，闸门就可能被卡在闸墩内。

（5）要适应闸门运行的特殊要求。例如水电站快速事故闸门，要求快速关闭，但不需要快速开启。

二、不同种类启闭机的特点和结构

（一）液压启闭机

液压启闭机只能是固定式。液压启闭机一般由液压系统和液压缸组成。在液压系统的控制下，液压缸内的活塞沿缸体内壁做轴向往复运动，从而带动连接在活塞上的连杆和闸门做直线运动，达到开启、关闭闸门的目的。液压系统包括动力装置、控制调节装置、辅助装置等。多套启闭机可共用一套液压动力系统。液压启闭机的布置示意图如图6-3-1所示。

动力装置一般为液压泵，把机械能转化为液压能。液压泵一般采用容积式泵，如叶片泵和柱塞泵。叶片泵和柱塞泵有结构紧凑、运转平稳、噪声小、使用寿命长等优点。柱塞泵虽然价格较高，但可以得到高压力、大流量且可调节，在大中型闸门启闭机中常见。液压启闭机的液压系统一般设置两套液压泵，互为备用。

控制调节装置是指液压控制阀组，包括节流阀、换向阀、溢流阀等阀组，其作用是对液压油的流量、方向、压力等方面各自起控制调节作用，以实现对液压系统的各种性能要求。启闭机上的控制阀大多数是标准元件，并普遍采用插装技术，具有组合机能强，集成度高，

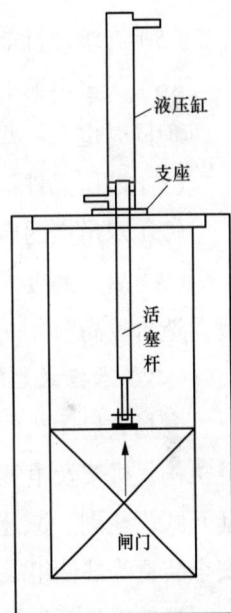

图6-3-1　液压启闭机的布置示意图

噪声低，密封性能好，机构紧凑，便于维修等优点。选择不同结构及形式的先导控制阀、控制盖及集成块与插装件组合，便可获得具有换向、调压、调速等功能的插装阀组。双吊点的液压启闭机因为不能像卷扬式启闭机一样采用机械同步，故控制阀组需要考虑同步措施。

辅助装置包括油箱、油管、管接头、压力表、滤油器等。油箱的作用是储油和散热，并能沉淀油中杂质，分离油中的空气和水分等；油管、管接头把动力装置、调节控制装置、液压缸连接起来，组成一个完整的液压回路；液压油中的杂质会使运动零件磨损，增加泄漏和缩短零部件的寿命，甚至堵塞阀组等，影响液压系统的使用，为此设置滤油器对液压系统是十分必要的。

液压缸是液压传动中的执行元件，把液压油的液压能转化为机械能。液压缸由缸体、

端盖、活塞、活塞杆、吊头等零件组成。根据液压缸内压力油的作用方向可分为单作用液压缸和双作用液压缸。单作用液压缸通常是柱塞式或套筒式，也可以活塞式；双作用液压缸只有活塞式，活塞式液压缸形成两个油腔。两个油腔都可以进出压力油。

液压传动是利用液体的压力能传送能量的一种传动方式。与其他启闭机相比，采用液压传动的启闭机有以下优点：

（1）油缸结构简单，传动平稳，液压传动与电气控制结合，便于自动化操作。

（2）液压系统的元件自动润滑，磨损小，效率高，寿命长。

（3）由于液压元件的特点，使得结构紧凑，承载力大，与同样承载能力的机械传动的启闭机比较，自身重量明显较轻。

（4）易于防止过负荷，可实现无级调速。

（5）有缓冲性能，可减少闸门的振动。

（6）失去电源的事故情况下，可以快速落门，比卷扬式操作更快速，更可靠。

但同时也有一些缺点：

（1）液压元件不可避免地存在渗漏现象，因此对加工精度要求较高。

（2）双吊点的启闭机吊点同步性相对差一些。

（3）启门高度大的启闭机，油缸行程较大，缸体和活塞杆都比较长，存在一定的加工难度，造价较高。

（二）卷扬式启闭机

卷扬式启闭机的启门力和扬程有宽广的适应范围，采用钢丝绳作为牵引方式，一般由起升机构、机架及电气控制系统组成。其中，起升机构主要由滑轮组、卷筒组、驱动装置（包括开式齿轮副、减速器、制动器、电动机等）、自动抓梁装置（移动式门式起重机专有）及安全装置等部件组成。

滑轮组包括动滑轮组和定滑轮组，一般不宜采用单联滑轮组。因为单联滑轮组在提起或下放闸门的过程中，会使闸门产生水平位移，从而引起闸门晃动；双联滑轮组在工作时无此现象发生。另外，滑轮组的倍率宜采用偶数，可避免因钢丝绳的张力使动滑轮组产生扭转，而且平衡滑轮布置在定滑轮上，可用来操纵荷载限制器。

卷筒用来卷绕钢丝绳，通常为圆柱形，一端用螺栓固定在大齿轮上。为与双联滑轮组套，启闭机应采用双联卷筒。卷筒有单层卷绕和多层卷绕之分。高扬程启闭机为减少卷筒长度，通常采用双层或多层卷绕。采用多层卷绕时，应注意钢丝绳绕入绕出卷筒时偏离螺旋两侧的角度不宜大于2°。

驱动装置中的减速器、制动器、电动机一般都采用标准系列产品。电动机一般采用三相交流起重用电动机。电动机轴上的制动器应采用常闭式，以便闸门能停在任意开度。移动式卷扬启闭机大车还配有夹轨器，保证启闭机可靠固定。

自动抓梁装置是用于移动式卷扬启闭机与闸门自动连接装置，包括液压动力系统、串销机构、位置感应系统，通过以上装置保证移动式启闭机与闸门可靠连接。

安全装置一般包括荷载限制器、行程限制器等。启闭机的容许超载值一般为不得大于额定起重容重的10%。因此，在实际负荷达到额定起重量的110%时，荷载限制器自动切断电源，电动机停止转动。上、下行程限位一般采用行程开关或主令控制器。此外，通常还设置高度指示装置。

机架主要用于安装起升机构的各部件，并将荷载传递给基础，保证启闭机正常运行。机架一般均做成整体式结构，小容量启闭机的机架多用型钢，大中容量的机架则用"工"字钢或箱形梁。

卷扬式启闭机的优点是：

（1）结构紧凑。

（2）承载能力大。

（3）运行平稳可靠。

（4）安装维修方便。

（5）在启闭力和扬程方面有宽广的适应范围，使用非常广泛。

缺点是：

（1）不能产生下压力。

（2）启闭机自重较大。

卷扬式启闭机的机构布置形式按其吊点数分为单吊点和双吊点。单吊点启闭机将所有部件布置在一个机架上；双吊点启闭机通常将两个滑轮组和两个卷筒组对称地布置在两个分享的机架上，用机械措施实现同步启闭。

图6-3-2所示为单吊点固定式卷扬启闭机示意图。单吊点固定式卷扬启闭机的工作原理是：由电动机通过带动制动轮联轴器和减速器带动开式齿轮副和卷筒转动，卷筒上的钢丝绳又通过动滑轮和平衡滑轮实现吊具的升降。

卷扬式启闭机用于操作弧形闸门时，又可以分为前拉式弧门启闭机、后拉式弧门启闭机和盘香式启闭机。其中，盘香式启闭机的特点是用串成一体的绳轮组来替代卷筒，使得原来集中绕于卷筒上的钢丝绳改为分别绕于每个绳轮上，由于钢丝绳像盘香一样叠绕于绳轮的绳槽内，所以称为"盘香"启闭机。盘香式启闭机的特点是：每根钢丝绳所需的固定绳圈和工作用绳圈都是径向布置在绳轮上的，比卷筒上的轴向排列布置，节省了不少位置，因此有可能使得悬吊闸门的钢丝绳根数增多，长度加长，从而增加启闭机的起重容量和起吊扬程。

卷扬式启闭机的另外一个重要门类是移动式启闭机，移动式启闭机主要用于操作多孔共用的或需要移动存放的闸门／拦污栅。卷扬式启闭机参数除了固定启闭机的参数，还有轨距、轮距、轨上扬程和轨下扬程（对门式启闭机而言）等。与固定式卷扬启闭机相比，卷扬式启闭机多了一套运行机构（或称行走机构）、机架、轨道等。

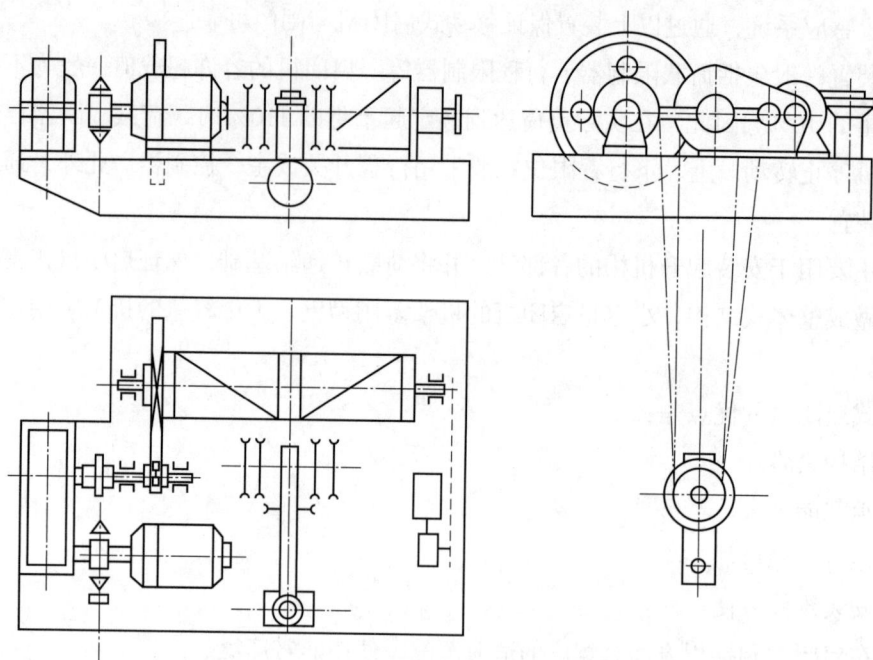

图 6-3-2　单吊点固定式卷扬启闭机示意图

移动启闭机一般由起升结构、运行机构、安全保护装置、机架、轨道等组成。

1. 起升机构

门式启闭机和台车式启闭机的起升结构的设计一般与卷扬式相同。当用一台门式启闭机操作几种启闭力相差悬殊的闸门时，宜设置超载安全装置。大型的门式启闭机通常设置副钩，副钩也可以采用电动葫芦。

2. 运行机构

运行机构也称为行走机构，移动式启闭机的运行结构由大车运行结构和小车运行结构。大车运行机构驱动启闭机本体行走，小车运行机构驱动起升机构行走，当然部分移动启闭机上并无小车行走机构，起升机构相对于启闭机是固定的。运行机构都是由电动机、联轴器、制动器、传动轴、减速器、车轮等组成。大车运行机构一般采用分别驱动，驱动方式通常是自行式，小车运行机构通常采用集中驱动。运行机构的车轮一般为 4 个或 4 组，有驱动机构的轮子称为主动轮，无驱动结构的轮子称为从动轮。

3. 安全保护装置

移动式启闭机的安全保护装置除了固定卷扬机所有的电气保护装置、制动装置、荷载限制器、行程限制器等，还包括缓冲器、夹轨器、锚定装置、风速仪等。

缓冲器用来缓和启闭机与轨道终端挡板或轨道上的其他启闭机相碰撞时的冲击，起到吸能作用，运行速度小的启闭机一般采用橡胶缓冲器，速度快或自重较大的启闭机可采用弹簧缓冲器。

室外作业的移动式启闭机应装设夹轨器和锚定装置。夹轨器用于防止启闭机在工作时受风荷载或其他荷载的作用而移动，通常采用的有手动式、电动弹簧式和重锤式等；锚定装置用于防止启闭机在非工作时受风荷载或其他荷载的作用而移动，锚定装置应设电气保护装置，在锚定启闭机时切断电源，防止误操作。

风速仪设在室外作业的移动式启闭机的上部不挡风处，当风速大于工作极限风速时，发出停止作业的警报，并切断运行机构的电源。

4. 机架和轨道

机架用于安装各机构的部件，并具备足够的强度和刚度，保证启闭机正常运行。机架一般做成整体式结构，小容量启闭机的机架多用型钢，大、中容量的机架则用焊接工字梁或箱形梁。门式启闭机的机架又称门架，其主框架通常采用封闭箱形截面。由于门架的重量在整台启闭机自重中占比较大，因此在满足使用要求和安全的前提下，门架的尺寸应尽量减小。轨道通常采用轻型钢轨和起重机专用钢轨，小容量的小车也可以采用方钢。轨道一般直线布置，也可以按需求设置成曲线。

（三）螺杆式启闭机

螺杆式启闭机早期广泛应用于中小型水利水电工程中，用于启闭平面闸门和弧形闸门，螺杆式启闭机具有结构简单、成本低廉、占用空间较小等优点，因此在中小型尤其是小型水利工程上仍有着广泛的应用；但其同时具有传动效率低、启闭力和扬程均不能太大、启闭速度慢等缺点。随着液压启闭机的发展，在中大型水利工程中，螺杆式启闭机应用越来越少，抽水蓄能较少采用此种形式。

螺杆式启闭机的结构类似普通闸阀的操动机构，由螺杆、承重底座、传动机构等部分组成。螺杆式启闭机的传动机构可以分为手动式、电动式和手电两用式。手动机构较为简单，有的甚至不设减速装置，主要用于小型闸门；电动和手电两用式的一般采用涡轮传动，有时还增加皮带轮减速。某种电动螺杆式启闭机的示意图如图 6-3-3 所示。螺杆式启闭机的布置形式有固定式和摆动式两种。其中，固定式螺杆式启闭机大多用于平面闸门的启闭，在进行适当的改进后也可用于弧形闸门；摆动式启闭机多用于弧形闸门的操作。为使启闭机能够摆动，机架应由机身和机座两部分组成，装有起重螺杆和承重螺母等主要部件的机身应与固定在基础混凝土上的机座进行铰接。

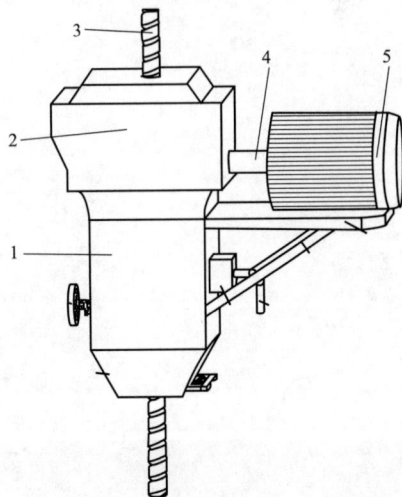

图 6-3-3　某种电动螺杆式启闭机示意图
1—底座槽；2—启闭机本体（螺杆驱动装置）；
3—螺杆；4—驱动杆；5—电动机

思 考 题

1. 简述平面闸门的结构和特点。
2. 简述拦污栅的作用和主要结构。
3. 简述卷扬式启闭机的安全装置配置。

第七章　金属结构运行

本章概述

闸门设备作为电站的重要辅助设备，直接关系到电站的运行安全。本章包含闸门设备巡检、闸门设备操作、闸门设备本体典型事故处理 3 部分内容。重点描述了闸门设备的常规运行巡检项目、注意事项、典型操作和故障处置等内容，为运行人员开展闸门设备的巡检、操作、故障处置时提供参考，便于指导新初学者开展闸门系统运行管理相关工作。本章所涉及的闸门主要是指尾水事故闸门、上库进 / 出水口事故闸门、下库进 / 出水口检修闸门，由于每座抽水蓄能电站的下库泄洪闸门的情况不同，采用的泄洪方式不一致，本章不再一一详述。

学习目标

	学习目标
知识目标	1. 掌握金属结构巡检的定义、周期、项目，了解金属结构运行的正常参数。 2. 掌握尾水事故闸门、上库进出水口事故闸门、下库进出水口检修闸门的操作要求和注意事项。 3. 掌握闸门本体可能存在的典型事故类型。
技能目标	1. 熟练掌握闸门设备的运行业务，具备日常闸门日常运行作业的能力，包括巡检、操作及事故紧急处置等。 2. 结合本电站闸门的实际情况，具备闸门设备的运行操作能力。 3. 能够进行尾水事故闸门、上库进出水口事故闸门、下库进出水口检修闸门的远方、现地及事故紧急操作。 4. 能够开展闸门事故处理工作。

第一节　闸门设备巡检

一、巡检

尾水事故闸门、上库进 / 出水口事故闸门、下库进 / 出水口检修闸门及控制系统设备巡检分为日常巡检和特巡，巡检主要内容是检查设备运行状态、控制柜是否存在"故障"报警信号、设备控制方式的位置开关是否正确、继电器状态是否正常以及其他异常情况，一般每周进行 1 次日常巡检。

下列情况增加巡检次数：

（1）设备新投运或检修技术改造后恢复运行。

（2）闸门及控制系统存在缺陷或者缺陷频发时。

闸门及控制系统设备巡检项目的具体内容见表 7-1-1。

表 7-1-1　　　　　　　　闸门及控制系统设备巡检项目

序号	项目	类别	周期	质量标准	项目来源/依据
1	闸门室环境检查	巡检	1 周/次	（1）闸门室的门、窗、照明应完好，通风效果良好，温度正常。 （2）各种标志应齐全明显	NB/T 10878—2021《水力发电厂机电设计规范》、NB/T 10072—2018《抽水蓄能电站设计规范》
2	就地控制柜巡视检查	巡检	1 周/次	（1）就地控制柜表面整洁、无积垢。 （2）设备控制方式位置正确。 （3）设备电源开关、操作旋钮位置正确。 （4）就地控制柜上无"故障"报警信号，设备状态指示灯显示正确。 （5）就地控制柜上闸门开度、压力显示正常	Q/GDW 11066—2013《水轮发电机组运行维护导则》6.7.2
3	闸门外部检查	巡检	1 周/次	（1）闸门门体无明显变形，无构件折断、损伤等。 （2）闸门零部件检查。如吊耳、连接螺栓、侧反向支承装置、充水阀、止水装置、锁锭装置。要求表面无裂纹、损伤变形和脱落。 （3）以上检查结果详细做好记录，为闸门检修提供依据	GB/T 32574—2016《抽水蓄能电站检修导则》13.3
4	闸门检查	巡检	1 周/次	（1）闸门关闭时的漏水状况。 （2）闸墩、门槽等部位无有裂纹、剥蚀、老化等情况。 （3）所有检查结果详细做好记录	GB/T 32574—2016《抽水蓄能电站检修导则》13.3

二、点检

点检主要是设备主人在设备不退出备用情况下对设备进行详细深入的专业巡视检查和分析工作，一般每月定期对闸门及控制系统进行一次巡视检查，发现异常应及时进行分析处理。

闸门及控制系统设备点检项目的具体内容见表 7-1-2。

表 7-1-2　　　　　　　　闸门及控制系统设备点检项目

序号	项目	类别	周期	质量标准	项目来源/依据
1	运行检查	点检	1 月/次	（1）闸门运行应平稳，操作必须准确，安全可靠。	GB/T 32574—2016《抽水蓄能电站检修导则》13.3

序号	项目	类别	周期	质量标准	项目来源/依据
1	运行检查	点检	1月/次	（2）闸门在启闭过程中应无卡阻、跳动、异常响声和异常振动等现象	GB/T 32574—2016《抽水蓄能电站检修导则》13.3
2	就地控制柜指示灯、切换开关检查	点检	1月/次	指示灯无损坏或不亮，各按钮、切换开关无松动、无卡涩、无损坏	Q/GDW 11066—2013《水轮发电机组运行维护导则》6.7.2
3	就地控制柜内元器件检查	点检	1月/次	电源模块、卡件、PLC、各电源小开关、熔丝开关工作正常，无过热、无异味	Q/GDW 11066—2013《水轮发电机组运行维护导则》6.7.2
4	就地控制柜内二次接线运行状态检查	点检	1月/次	各接线端子无积尘、无发热、无异味、无打火现象	Q/GDW 11066—2013《水轮发电机组运行维护导则》6.7.2
5	就地控制柜内I/O模块、继电器检查	点检	1月/次	就地控制柜内I/O模块、各继电器工作正常	Q/GDW 11066—2013《水轮发电机组运行维护导则》6.7.2
6	门体状况检查	点检	1月/次	（1）门叶结构无明显变形。（2）梁系局部无明显变形。（3）所有紧固件不得松动、缺件。（4）多节闸门节间连接牢固	GB/T 32574—2016《抽水蓄能电站检修导则》13.3
7	行走支承装置检查	点检	1月/次	（1）闸门在工作位置上，行走轮与主轨良好接触。（2）紧固件不得松动、脱落	GB/T 32574—2016《抽水蓄能电站检修导则》13.3
8	止水装置检查	点检	1月/次	（1）止水装置连续完整，无卷曲、脱落、凹陷、撕裂等破损。（2）连接片无变形、隆起等。（3）连接片螺栓、螺母齐全	GB/T 32574—2016《抽水蓄能电站检修导则》13.3
9	锁锭装置检查	点检	1月/次	锁锭装置退出状态	GB/T 32574—2016《抽水蓄能电站检修导则》13.3
10	闸门槽及埋设件检查	点检	1月/次	（1）闸门槽上部不得有石块、沉木、漂浮木或树枝等杂物。（2）副轨、侧轨、反轨等导向轨道工作表面清洁平整。（3）输水洞、深孔闸门井的通气孔畅通无阻，在通气孔进口处设置安全格栅	GB/T 32574—2016《抽水蓄能电站检修导则》13.3
11	安全防护检查	点检	1月/次	闸门槽上部防护栏杆完整齐全	GB/T 32574—2016《抽水蓄能电站检修导则》13.3
12	充水装置检查	点检	1月/次	设在闸门上的充水阀止水装置严密	GB/T 32574—2016《抽水蓄能电站检修导则》13.3
13	闸门状态检查	点检	1月/次	闸门状态正常	GB/T 32574—2016《抽水蓄能电站检修导则》13.3
14	闸门位置检查	点检	1月/次	闸门位置指示正确	GB/T 32574—2016《抽水蓄能电站检修导则》13.3

第二节 闸门设备操作

一、尾水事故闸门操作

（一）尾水事故闸门提门

（1）检查相关机组处于停机状态，球阀及其旁通阀全关，工作密封或检修密封投入。

（2）检查尾水管已充满水且尾水闸门两侧压力一致，尾闸旁通阀全开。

（3）检查监控系统及尾闸控制屏无故障报警信号或闭锁信号。

（4）检查尾闸液压站的两台油泵均为"自动"模式。

（5）检查尾闸手动退锁锭截止阀、手动落尾闸截止阀为全关位置。

（6）检查触摸屏上"闭锁条件"满足，启闭相关设备状态正常。

（7）提升时监视液压缸下腔压力满足运行要求，开启速度符合设计要求。

（8）闸门提升过程中应密切注意液压锁退出信号，若有异常立即停止操作。

（9）闸门全开后应检查：码盘开度仪数值显示正确；闸门全开信号、锁锭投入信号、尾闸旁通阀全关信号均已收到。

（10）正常提门时间应符合日常运行规律，若有异常立即停止操作并进行检查。

（二）尾水事故闸门落门

（1）必须在机组主进水阀及其旁通阀为全关位置，工作密封或检修密封投入的情况下方可落相应机组的尾闸。

（2）落门操作完成后，及时复归相关信号；检查尾闸全关信号已收到，液压缸下腔压力为零，设备状态正常。

（3）正常落门时间应符合日常运行规律，若有异常应停止操作并进行检查。

二、上库进/出水口事故闸门操作

（一）一般要求

（1）上库进/出水口事故闸门电气闭锁装置禁止随意解锁或者停用。闸门正常运行时，控制柜内的闭锁控制钥匙严格按照 Q/GDW 1799.3—2015《国家电网公司电力安全工作规程第3部分：水电厂动力部分》规定保管使用。

（2）上库进/出水口事故闸门操作前后，无法直接观察设备位置时，应通过控制柜显示和主令控制器及闸门开度显示仪确定闸门状态。

（3）上库进/出水口事故闸门严禁未平压强行操作。

（4）上库进/出水口事故闸门启闭时，闸门启闭过程中检查滚轮、支铰及顶、底枢等转动部位运行情况是否正常，闸门升降或旋转过程有无卡阻，启闭设备左右两侧是否同步，橡胶水封有无损伤。

（5）利用上库进/出水口事故闸门局部开启充水时，观察闸门及启闭机运行情况。如闸门振动较大，适当调整阀门开度避开振动区。

（6）当上库进/出水口事故闸门悬挂在闸门井顶部时，使闸门的底缘高于上水库的最高运行水位，闸门下部的正向、反向和侧向支承均位于门槽内；当闸门处于闸门井水体中时，论证机组甩负荷时所产生的涌波对闸门的影响；当闸门停放在孔口顶楣附近时，还应考虑机组频繁工况转换对闸门造成晃动的影响。

（7）每半年进行一次上库进/出水口事故闸门应急电源切换及上库进/出水口事故闸门全行程提落门试验，做好闸门全关机械位置（钢丝绳）标记。

（二）操作注意事项

（1）操作前电气指示、载荷、闸门开度等状态检查，就地启闭机（轮轴、钢丝绳）外观检查；只有确认状态正常方可执行操作。

（2）操作过程中应监视的设备状态（设备状态包括启闭机运转声音，钢丝绳缠绕圈数、松紧度、垂直度等外观变化，载荷、闸门开度数值变化）。

（3）启闭过程中实时关注充水阀位置、闸门全开、全关时相关数值及状态信息，既要防止闸门过提出槽导致倾覆，又要防止过落导致钢丝绳滑出、再提时挤压断裂。

（4）操作时注意安全，发现异常情况（钢丝绳松动、缠绕、闸门未到位）及时停止操作。

（三）上库进/出水口事故闸门操作

1. 提门操作

（1）检查确认该单元机组在停机状态，主进水阀关闭，主进水阀工作密封、检修密封投入，工作旁通阀或检修旁通阀关闭。

（2）闸门提升过程中须监视闸门上升是否平稳，监控窗口是否有异常报警信号，如遇异常情况立即按"停门"或"急停"按钮，检查正常后方可继续操作。

2. 落门操作

（1）检查确认该单元机组在停机状态，主进水阀关闭，主进水阀工作密封、检修密封投入，工作旁通阀或检修旁通阀关闭。

（2）闸门下降过程中须监视闸门下降是否平稳，启闭机荷载情况和变频器工作情况，如遇异常情况应立即在控制柜上按"停止"或"急停"按钮，检查正常后方可继续操作。

（3）闸门全关后启闭机自动停止，确认卷筒钢丝绳在自由状态，负荷显示器归零，检查无误后切断电源。

三、下库进/出水口检修闸门操作

（一）一般要求

（1）下库进/出水口检修闸门操作前后，无法直接观察设备位置时，应通过控制柜显示和主令控制器及闸门开度显示仪确定闸门状态。

（2）下库进／出水口检修闸门严禁未平压强行操作。

（3）下库进／出水口检修闸门启闭时，闸门启闭过程中检查滚轮、支铰及顶、底枢等转动部位运行情况是否正常，闸门升降或旋转过程有无卡阻，启闭设备左右两侧是否同步，橡胶水封有无损伤。

（4）下库进／出水口检修闸门充水阀开启充水时，观察闸门及启闭机运行情况，如闸门振动较大，适当调整阀门开度，避开振动区。

（二）下库进／出水口检修闸门操作

1. 提门注意事项

（1）检查确认该单元机组在停机状态，主进水阀关闭，主进水阀工作密封、检修密封投入，工作旁通阀或检修旁通阀在关闭状态。

（2）闸门提升过程中须监视闸门上升是否平稳，监控窗口是否有异常报警信号，如遇异常情况应立即按"停门"或"急停"按钮，检查正常后方可继续操作。

2. 落门注意事项

（1）检查确认该单元机组在停机状态，主进水阀关闭，主进水阀工作密封、检修密封投入，工作旁通阀或检修旁通阀在关闭位置。

（2）闸门下降过程中须监视闸门下降是否平稳，启闭机荷载情况和变频器工作情况，如遇异常情况应立即在控制柜上按"停止"或"急停"按钮，检查正常后方可继续操作。

（3）闸门全关后启闭机自动停止，确认卷筒钢丝绳在自由状态，负荷显示器归零，检查无误后切断电源，闸门关闭工作完成。

第三节　闸门设备本体典型事故处理

一、故障处理原则

（1）按照"保人身、保电网、保设备"的原则开展故障处理；尽快解除对人身和设备的威胁，限制事故发展，消除事故根源。

（2）故障处理应避免故障扩大，防止产生次生故障。

（3）故障处理应严格按照安全生产规定和国网公司工作票及操作票管理规定开展工作。

（4）故障处理应充分考虑设备本身的现象和情况，不可教条化处理。

二、闸门本体典型故障

（一）液压式尾闸异常下落

1. 原因分析

（1）液压缸管路爆管。

（2）闸门锁锭脱落。

（3）本体开裂或渗漏。

（4）其他人为行为。

2.事故处理

（1）检查机组运行情况，检查现场是否有异常的声音、味道或现场是否有相关工作等情况。

（2）检查油回路及相应阀门，是否存在漏点；若阀门异常则可通过前、后隔离阀进行隔离，再进一步做判断或处理。

（3）若启闭机缸体内部渗漏，则需对启闭机进行检修处理。

（4）检查液压泵站是否出现故障。

（二）液压式尾闸本体异常振动

1.原因分析

（1）闸门液压缸油压不稳定。

（2）尾水管充水操作时，尾闸无法排出残留的空气，闸门处集聚大量气体，致使尾闸本体振动剧烈，上下窜动。

2.事故处理

（1）现场检查尾闸本体是否有异常现象，必要时应减小闸门开度或停止操作。

（2）检查液压缸压力是否正常。

（3）检查尾闸本体排气装置是否正常；若尾闸本体排气装置异常，应立即停止操作，并对尾闸本体的自动排气装置进行隔离、检修。

思 考 题

1.作为运行人员，你认为如何开展闸门设备的巡检工作？

2.闸门巡检的重点在哪里？

3.闸门操作的危险点有哪些？

4.紧急情况下，如何实现闸门快速操作？

5.闸门本体典型事故处理时，运行人员需要考虑哪些措施来控制风险？

第八章　金属结构检修

本章概述

为了确保闸门设备的可靠性，延长使用寿命，需要定期开展日常维护及检修工作。本章包含尾水事故闸门、进出水口检修闸门的日常维护、试验、安全检测、检修等内容，并对相关工作的要求、项目、周期进行了介绍，为初学者提供学习指导和参考。

学习目标

学习目标	
知识目标	1. 掌握闸门日常维护项目。 2. 掌握闸门检修周期及项目。 3. 掌握闸门检修原则。
技能目标	1. 能开展闸门控制系统试验及检测。 2. 能开展闸门日常维护工作。 3. 能开展闸门检修工作。

第一节　闸门设备日常维护

一、一般要求

一般情况下，尾水事故闸门、上库进/出水口事故闸门本体无法开展全面检查，在日常运维过程中，应主要针对电气控制系统进行检查。

（1）下库进/出水口检修闸门，一般应结合机组检修开展维护工作。

（2）根据相关标准、反事故措施、技术监督等要求，应定期开展各项试验及检测工作。

二、尾闸电气控制维护与试验

（1）码盘机械传动装置及闸门机械指示系统检查处理。

（2）自动化元件及继电器校验和更换。

（3）控制柜、端子箱、模块清扫，端子检查紧固，电缆、回路接线、线槽盖板整理，电缆绝缘及接地检查，防火封堵检查，端子、元器件、电缆标识牌核对和更新，加热器检查及其温控器设定值核对，盘柜照明检查。

（4）控制、保护整定值核对。

（5）闸门提门、落门试验。

三、进/出水口事故闸门电气控制日常维护

（1）码盘机械传动装置及闸门机械指示系统检查处理。

（2）自动化元件及继电器校验和更换。

（3）控制柜、端子箱、模块清扫，端子检查紧固，电缆、回路接线、线槽盖板整理，电缆绝缘及接地检查，防火封堵检查，端子、元器件、电缆标识牌核对和更新，加热器检查及其温控器设定值核对，盘柜照明检查。

（4）PLC参数及程序备份、工作电源测试、电池检查或更换、模块检查、程序版本一致性核对、冗余CPU切换试验。

（5）控制电源测试、接地检查、防雷元件或装置检查、冗余电源切换试验。

（6）控制、保护整定值核对。

四、闸门本体及附属设备日常维护

（1）清理闸门表面的水生物、杂草、污物等附着物。

（2）对螺栓、螺母、垫圈、销钉等连接件，如果出现由于锈蚀、空蚀、振动等原因造成的松动、脱落或断裂的情况，应及时进行紧固或更换处理。

（3）当发现闸门存在局部锈迹和漆膜脱落的情况时，应进行局部防腐处理。

（4）对主轮、侧轮、反轮、支铰顶枢、底枢及吊轴等转动零部件，应定期加注润滑油润滑。

（5）对多泥沙河流上的闸门，经常用高压水枪或其他方法清除闸门前后淤积的泥沙。

（6）在冬季较为寒冷的地区，需要采取防冻措施，避免闸门承受静冰压力。

（7）液压锁定装置投退异常时，应及时检查系统元件及管路，更换备品或加注液压油。

第二节　闸门设备检修

一、一般要求

闸门及启闭机发生以下情况之一时应进行检修：

（1）闸门。

1）依据水利水电工程闸门、启闭机及升船机设备管理评级标准SL/T 722—2020《水工钢闸门和启闭机安全运行规程》规定，评定单元为三类单元以下的，应进行检修。

2）闸门水封老化、固定螺栓及其连接片老化、变形、破损严重，封水效果不好的，应

进行检修。

3）闸门偏离了正常位置，或发生上下游或左右方向的倾斜，或发生侧向偏移，应进行检修。

4）由于锈蚀、剧烈振动和强大外力冲击等原因，引起的门叶残余变形或局部损坏，应进行检修。

5）门叶构件和面板锈蚀漆皮脱落、构架锈蚀严重，应进行防腐检修。

6）闸门由于空蚀引起局部剥蚀时，应进行检修。

7）闸门支承行走机构生锈、锈蚀出现卡阻，应进行检修。

（2）启闭机。

1）闸门启闭机等水工建筑物启闭设备监控及自动化控制系统运行缺陷较多，可通过更换配件、升级系统消除的，应进行检修。

2）闸门启闭机等水工建筑物启闭设备及自动化控制系统运行缺陷较多，开度位置信号不可靠，未定期试验，可通过更换配件、试验、升级系统消除的，应进行检修。

3）电站应根据设备运行状况、技术监督数据和历次检修情况、批复的检修项目工期和下达的检修费用，对检修项目进行梳理和优化调整，并制定符合实际的技术方案和实施方案。

二、尾水事故闸门及控制系统检修

（一）尾水事故闸门及控制系统 A 修

尾水事故闸门及控制系统 A 修主要包含对设备进行全面解体，定期检查、清扫、测量、调整和修理；定期检测、试验、校验和鉴定；按规定定期更换零部件；按各项技术监督规定检查和预防性试验项目以及制造厂要求的项目；消除设备和系统的缺陷和隐患；设备技术文件要求的项目。

（1）A 修项目可根据现场设备实际情况实施，监督项目原则上按照要求实施。

（2）A 修周期为 10 年／次，参考 Q/GDW 1544《抽水蓄能电站检修导则》、GB/T 32574《抽水蓄能电站检修导则》、DL/T 1009《水电厂计算机监控系统运行及维护规程》等，主要检修项目如下：

外观检查；密封检查；滑道检查；液压泵站；液压启闭机；尾水管旁通充水回路；尾闸盖板；尾闸吊轴检测装置；充水阀检查、处理；防腐检查；焊缝外观检查；焊缝探伤；螺栓检查；螺栓探伤检查；埋件检查；滚轮检查；无水密封试验；有水密封试验；启闭动作试验；PLC 模块检查；重要继电器校验和更换；PLC 程序版本一致性校对；PLC 参数及程序备份；控制电源及 PLC 工作电源的测试、接地检查、防雷元件或装置检查、冗余电源切换试验、PLC 电池检查或更换；控制柜、端子箱、模块清扫；端子检查紧固，电缆、回路接线、线槽盖板整理；电缆绝缘抽查，接地检查，防火封堵检查；端子、元器件、电缆标识牌核对和更新；加热器检查及其温控器设定值核对盘柜照明检查；电机控制器清扫、检查、参数

核对及试验；自动化元件校验和更换；电气控制柜配合系统整体功能调试及传动试验；I/O
通道测试及信号传动试验、控制回路模拟动作试验。

（3）定期（每3～5年，根据尾水隧洞排空计划进行）对闸门的吊耳、承重部件及重要
焊缝进行无损检测。

（4）定期（每3～5年，根据尾水隧洞排空计划进行）对液压启闭机机架、液压缸吊头
等承重部件无损检测。

（二）尾水事故闸门及控制系统 C 修

（1）尾水事故闸门及控制系统 C 修主要是对设备本体及进行检查对闸门的密封、反向板
弹簧等部件以及防腐情况进行检查。对设备及其二次部分进行重点清扫、检查和处理易损、
易磨部件，必要时应进行检测和试验；处理已发现的缺陷；按技术监督规定检查和预防性试
验项目以及制造厂要求的项目。

（2）C 修周期为 1 年 / 次，参考 Q/GDW 1544《抽水蓄能电站检修导则》、GB/T 32574
《抽水蓄能电站检修导则》、GB/T 14173《水利水电工程钢闸门制造、安装及验收规范》《防
止水装置电厂水淹厂房专项反事故补充措施》（新源运检〔2016〕465 号）、DL/T 1009《水
电厂计算机监控系统运行及维护规程》等，主要检修项目如下：

外观检查；密封检查；滑道检查；液压泵站；液压启闭机；尾水管旁通充水回路；尾闸
盖板；尾闸吊轴检测装置；充水阀检查；防腐检查；螺栓检查；滚轮检查；有水密封试验；
闸门全行程落门试验；PLC 模块检查；重要继电器校验和更换；PLC 程序版本一致性核对；
PLC 参数及程序备份；控制电源及 PLC 工作电源的测试、接地检查、防雷元件或装置检查、
冗余电源切换试验、PLC 电池检查或更换；控制柜、端子箱、模块清扫；端子检查紧固，电
缆、回路接线、线槽盖板整理；电缆绝缘抽查，接地检查，防火封堵检查；端子、元器件、
电缆标识牌核对和更新；加热器检查及其温控器设定值核对盘柜照明检查；电机控制器清
扫、检查、参数核对及试验；自动化元件校验和更换。

三、进 / 出水口事故闸门及控制系统检修

（一）进 / 出水口事故闸门及控制系统 A 修

（1）进 / 出水口事故闸门及控制系统 A 修主要是对设备进行全面解体、定期检查、清
扫、测量、调整和修理；定期检测、试验、校验和鉴定；按规定需要定期更换零部件；按各
项技术监督规定检查和预防性试验项目以及制造厂要求的项目。

（2）定期（结合上库库盆检查或机组检修）开展拦污栅清污检查工作。

（3）拦污栅前后水差压报警定值时需进行清污工作。

（4）A 修周期为 10 年 / 次，参考 Q/GDW 1544《抽水蓄能电站检修导则》、GB/T 32574
《抽水蓄能电站检修导则》、DL/T 1009《水电厂计算机监控系统运行及维护规程》等，主要
检修项目如下：

外观检查；密封检查；滑道检查；充水阀检查、处理；防腐检查；焊缝外观检查；焊缝探伤；螺栓检查；螺栓探伤检查；埋件检查；滚轮检查；无水密封试验；有水密封试验；启闭动作试验；PLC模块检查；重要继电器校验和更换；PLC程序版本一致性核对；PLC参数及程序备份；控制电源及PLC工作电源的测试、接地检查、防雷元件或装置检查、冗余电源切换试验、PLC电池检查或更换；控制柜、端子箱、模块清扫；端子检查紧固，电缆、回路接线、线槽盖板整理；电缆绝缘抽查，接地检查，防火封堵检查；端子、元器件、电缆标识牌核对和更新；加热器检查及其温控器设定值核对盘柜照明检查；电机控制器清扫、检查、参数核对及试验；自动化元件校验和更换；电气控制柜配合系统整体功能调试及传动试验；I/O通道测试及信号传动试验、控制回路模拟动作试验；冗余电源切换试验。

（二）进/出水口事故闸门及控制系统C修

（1）进/出水口事故闸门及控制系统C修主要是对设备进行重点清扫、检查和处理易损、易磨部件，必要时应进行检测和试验；处理已发现的缺陷；按技术监督规定检查和预防性试验项目以及制造厂要求的项目。

（2）C修周期为1年/次，参考Q/GDW 1544《抽水蓄能电站检修导则》、GB/T 32574《抽水蓄能电站检修导则》、GB/T 14173《水利水电工程钢闸门制造、安装及验收规范》《防止水装置电厂水淹厂房专项反事故补充措施》(新源运检〔2016〕465号)、DL/T 1009《水电厂计算机监控系统运行及维护规程》等，主要检修项目如下：

外观检查；密封检查；滑道检查；充水阀检查；防腐检查；螺栓检查；滚轮检查；PLC模块检查；重要继电器校验和更换；PLC程序版本一致性核对；PLC参数及程序备份；控制电源及PLC工作电源的测试、接地检查、防雷元件或装置检查、冗余电源切换试验、PLC电池检查或更换；控制柜、端子箱、模块清扫；端子检查紧固，电缆、回路接线、线槽盖板整理；电缆绝缘抽查，接地检查，防火封堵检查；端子、元器件、电缆标识牌核对和更新；加热器检查及其温控器设定值核对盘柜照明检查；盘柜照明检查；电机控制器清扫、检查、参数核对及试验；自动化元件校验和更换；冗余电源切换试验。

思　考　题

1. 作为设备主人，你认为如何开展闸门设备的巡检工作？
2. 闸门巡检的重点在哪里？
3. 闸门操作的危险点有哪些？
4. 紧急情况下，如何实现闸门快速操作？
5. 闸门本体典型事故处理时，运行人员需要考虑哪些措施来控制风险？

第三篇

水工设备设施

第九章　水工建筑物概述

本章概述

　　水工建筑物是在水的静力或动力的作用下工作，并与水发生相互影响的各种建筑物。掌握各类水工建筑物的概念、作用及管理要求等相关内容，对水工运行维护工作有很大的帮助。本章主要介绍大坝基础知识、水库（库盆）基础知识、地下厂房及洞室群基础知识、输水系统及施工支洞基础知识、其他附属水工设施 5 部分内容。

学习目标

	学习目标
知识目标	1. 了解水工建筑物分类及不同大坝的原理及特点。 2. 了解抽水蓄能电站的特点、组成及工作原理。 3. 了解地下厂房及洞室群、输水系统及施工支洞、厂区道路及边坡、渣场等基础知识。
技能目标	—

第一节　大坝基础知识

一、水工建筑物的分类

（一）按其作用分类

1. 挡水建筑物

　　挡水建筑物是用来拦截江河、挡水蓄水、抬高水位、形成水库的建筑物，如各种坝、闸等。

2. 泄水建筑物

　　泄水建筑物用于排泄水库、渠道、前池等建筑物中多余水量的建筑物，以保证大坝的安全，如溢流坝、溢洪道、泄洪隧洞、泄水闸等。

3. 输水建筑物

　　为了完成抽水－发电循环，需要把水从水源（水库、河道、湖泊等）取出，并输送到用水部分的建筑物中，其中，承担输送水流的建筑物称为输水建筑物。输水建筑物有渠道、隧洞、钢管、涵管等。

4. 专门建筑物

专门建筑物是指用于专门用途的水工建筑物，如用于发电的水电站厂房、压力前池、调压井等。

（二）按其使用时间长短分类

水电站的水工建筑物按其使用时间长短可分为永久性建筑物和临时性建筑物。

1. 永久性建筑物

永久性建筑物是指水电站枢纽工程运行期间长期使用的建筑物。按其重要性又可分为以下两类：

（1）主要建筑物：指一旦失事后将造成下游的毁灭性灾害，或严重影响工程效益的建筑物，如上下库大坝、泄水建筑物、装机容量在电网中所占比重较大的水电站厂房等。

（2）次要建筑物：指失事后不会形成严重灾害和效益损失，或易于恢复的建筑物。如下游导流墙、挡土墙等。

2. 临时性建筑物

临时性建筑物是指水电站枢纽工程在建设期间使用的建筑物，往往在工程建成后被拆除或废弃，如导流隧洞、围堰等。

二、大坝分类及特点

拦河坝也称大坝，作用是拦截河道水流以积蓄来水、抬高上游水位，形成有一定库容的水库，以满足防洪、灌溉、发电等要求。

大坝是蓄水枢纽中的主要建筑物。按筑坝材料，坝可分为土石坝、混凝土坝、砌石坝、橡胶坝等。按结构与受力特点，坝可分为重力坝、拱坝、支墩坝等。按是否坝顶溢流，坝可分为非溢流坝和溢流坝。按坝的高度，可分为高坝（大于 70m）、中坝（30～70m）和低坝（小于 30m）。工程上主要常见的坝型有以下几种：

（一）重力坝

重力坝是用混凝土或石料等材料修筑，主要依靠坝体自重保持稳定的坝。重力坝结构简单、工作可靠，是一种被广泛采用的坝型。我国南水北调中线工程水源丹江口水库大坝、长江上的第一座大坝宜昌葛洲坝及举世闻名的长江三峡大坝都是重力坝。

1. 重力坝的工作原理

重力坝在水压力及其他荷载作用下，主要依靠坝体自重产生的抗滑力来满足稳定要求；同时还依靠坝体自重产生的压应力来抵消由于水压力所引起的拉应力，以满足强度要求。

2. 重力坝的特点

（1）优点：①结构作用明确，设计方法简便，安全可靠；②对地形、地质条件适应性强；③枢纽泄洪问题容易解决；④便于施工导流；⑤施工方便。

（2）缺点：①坝体普遍尺寸大，材料用量多；②坝体应力较低，材料强度不能充分发挥；③坝体与地基接触面积大，相应坝底扬压力大，对稳定不利；④坝体体积大，由于施工期混凝土的水化热和硬化收缩，将产生不利的温度应力和收缩应力。

（二）拱坝

拱坝是在平面上呈凸向上游的拱形，并将荷载主要传递给两岸山体的曲线形坝。

1. 拱坝的工作原理

拱坝坝体结构既有拱作用又有梁作用，其承受的荷载一部分通过拱的作用压向两岸，另一部分通过竖直梁的作用传到坝底基岩。

2. 拱坝的特点

（1）稳定特点：坝体的稳定主要依靠两岸拱端的反力作用，不像重力坝依靠自重来维持稳定。因此拱坝对坝址的地形、地质条件要求较高，对地基处理的要求也较严格。

（2）结构特点：拱坝是一种固结于基岩的空间壳体结构，超载能力强，安全度高，当外荷载增大或坝的某一部位发生局部开裂时，坝体的拱和梁作用将会自行调整，使坝体应力重新分配。

（3）荷载特点：拱坝坝身不设永久伸缩缝，温度变化和基岩变形对坝体应力的影响比较显著，必须考虑基岩变形，并将温度作用列为一项主要荷载。

（三）土石坝

土石坝是利用土、石料等当地材料填筑而成的坝，也是世界各国普遍采用的一种坝型。

1. 土石坝的工作原理

土石坝主要依赖于土石颗粒之间的摩擦、黏聚特性和密实性来维持自身的稳定、抵御水压力和防止渗透破坏。

2. 土石坝的特点

（1）可以就地就近取材，可以节省大量水泥、木材和钢材，减少工地的外向运输量。

（2）能适应各种不同的地形、地质和气候条件，几乎任何不良地基经处理后均可修建土石坝。

（3）大容量、多功能、高效率施工机械的发展，提高了土石坝的压实密度，减少了土石坝的断面，加快了施工进度，降低了造价，促进了高土石坝建设的发展。

（4）由于岩土力学理论、实验手段和计算技术的发展，提高了分析计算的水平，加快了设计进度，进一步保证了大坝设计的安全可靠性。

（5）高边坡、地下工程结构、高速水流消能防冲等土石坝配套工程设计和施工技术的综合发展，对加速土石坝的建设和推广也起到了重要的促进作用。

（四）面板堆石坝

面板堆石坝是一种用堆石或砂砾石分层碾压填筑成坝体，同时上游面采用薄层防渗面板作为防渗体的坝型结构，面板既可以是刚性钢筋混凝土的，也可以是柔性沥青混凝土的。面板堆石坝属于土石坝类型。

1. 面板堆石坝工作原理

面板堆石坝由"堆石体＋防渗系统"组成。其中，堆石体一般由垫层区、过渡区、主堆石区及次堆石区组成；垫层区为面板提供平整、密实的基础；过渡区是为了保护垫层，防止垫层在高水位作用下产生破坏；主堆石区主要是承受水荷载；次堆石区是为了保护堆石体及下游边坡稳定。防渗系统由面板、趾板、趾板地基的灌浆帷幕、周边缝和面板间的接缝止水装置组成，位于堆石体的上游面，起到防渗作用。

2. 面板堆石坝特点

（1）结构特点：碾压堆石的密度大，抗剪强度高，坝坡可以做得较陡，不仅节约了坝的填筑量，而且坝底宽度较小，输水建筑物和泄水建筑物的长度可以相应减小，枢纽布置紧凑，使工程量进一步减小。

（2）施工特点：根据坝体各部分的受力情况，坝体可以分区，对各区的石料和压实度可有不同要求，枢纽中修建泄水建筑物时开挖的石料等可以得到充分合理的应用，使造价降低。

（3）运营和维修特点：碾压堆石体的沉降变形量很小，运营维修简便易行。

第二节　水库（库盆）基础知识

一、水库的基础知识

水库，一般是指拦洪蓄水和调节水流的水利工程建筑物，可以利用来灌溉、发电、防洪和养鱼。水库是在山沟或河流的狭口处建造拦河坝形成的人工湖泊，有时天然湖泊也称为水库（天然水库）。水库规模通常按库容大小划分为小型、中型、大型等。

库容是指水库某一水位以下或两水位之间的蓄水容积，是表征水库规模的主要指标。库容通常均指坝前水位水平面以下的静库容。

校核洪水位（关系水库安全的水位）以下的水库容积称总库容；校核洪水位与防洪限制水位（水库在汛期允许兴利蓄水的上限水位）间的水库容积称调洪库容，当汛期内防洪限制水位变化时，指校核洪水位与最低的防洪限制水位间的库容；防洪高水位（下游防护区遭遇设计洪水时，水库达到的最高洪水位）与防洪限制水位间的水库容积称防洪库容，当汛期内防洪限制水位变化时，指防洪高水位与最低的防洪限制水位间的库容；正常蓄水位与死水位（水库在正常运用情况下，允许消落到的最低水位）间的水库容积称兴利库容，又称调节库容，在正常运用情况下，其中的水可用于供水、灌溉、水力发电、航运等兴利用途；正常蓄水位与防洪限制水位之间的水库容积称重叠库容，是防洪库容或调洪库容与兴利库容之间的共用部分；死水位以下的水库容积称死库容，又称垫底库容，不参加径流调节，只在战备、检修等特殊情况下才允许排放。

二、抽水蓄能电站水工建筑物

抽水蓄能的工作原理是利用可以兼做水泵和水轮机的蓄能机组，在电力负荷低谷时（夜间）做泵运行，用基荷机组发出的多余电能将下水库中的水抽到上水库储存起来，在电力负荷高峰时（下午及晚间）做水轮机运行，将水放下来发电。抽水蓄能电站一般由上水库、输水系统、安装有机组的厂房和下水库等建筑物组成。与常规电站相比，抽水蓄能电站水工建筑物具有上下两个水库、水头较高、机组的安装高程低及水库水位变化频繁等特点。

1. 上水库

抽水蓄能电站的上水库是蓄存水量的工程设施，电网用电负荷低谷时段（发电）电动机将下库水抽至上水库存储，消纳电网负荷；电网用电负荷高峰时段上水库水经过水泵水轮机流至下水库，发电（电动）机将势能转化为电能，支撑电网运行。

2. 输水系统

输水系统是输送水量的工程设施，在水泵工况（抽水）把下水库的水量输送到上水库，在水轮机工况（发电）将上水库放出的水量通过厂房输送到下水库。

3. 厂房

厂房是放置蓄能机组和电气设备等重要机电设备的场所，也是电厂生产的中心。抽水蓄能电站无论是完成抽水、发电等基本功能，还是发挥调频、调相、升荷爬坡和紧急事故备用等重要作用，都是通过厂房中的机电设备来完成。

4. 下水库

抽水蓄能电站的下水库也是蓄存水量的工程设施，负荷低谷时段可满足抽水的需要，负荷高峰时段可蓄存发电放水的水量。

三、抽水蓄能电站的类型

抽水蓄能电站的类型，按开发方式可分为纯抽水蓄能电站、混合式抽水蓄能电站和调水式抽水蓄能电站；按调节周期可分为日调节、周调节和季调节等；按水头可分为高水头和中低水头；按机组类型可分为四机分置式、三机串联式和二机可逆式；按布置特点可分为地面式、地下式和特殊布置形式（人工地下水库）。

第三节　地下厂房及洞室群基础知识

一、地下厂房

一般来说，抽水蓄能电站厂房洞室群的主要洞室有：主副厂房洞、主变压器洞、母线洞、尾水事故闸门洞、500kV电缆出线兼安全出口竖井；其他洞室还有进厂交通洞、自流排水洞、通风洞以及排风兼安全出口竖井等。某抽水蓄能电站地下厂房洞室群的总体布置如图

9-3-1 所示，其地下厂房的主副厂房、主变压器和尾水事故闸门这 3 个洞室依次平行排列，净间距分别为 33.5m 和 78.4m。主变压器洞与厂房洞之间由 6 条母线洞和 1 条主变压器运输洞相连。

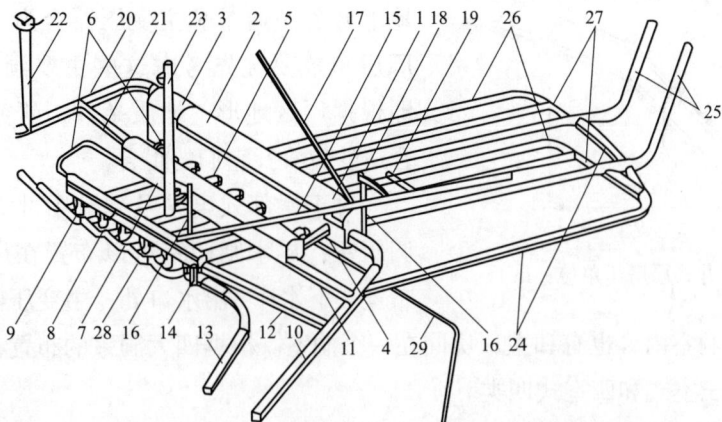

图 9-3-1 某抽水蓄能电站地下厂房洞室群布置图

1—安装场；2—主厂房；3—副厂房；4—变压器运输洞；5—母线洞；6—通风兼交通洞；7—主变压器洞；
8—尾水事故闸门洞；9—尾水事故闸门室；10—进厂交通洞；11—进主变压器交通洞（原施工支洞）；
12—尾水闸门运输洞（原施工支洞）；13—通风洞（原尾水隧洞施工洞）；14—通同竖井；15—排风洞；
16—排风竖井；17—地勘平洞；18—排风洞（原洞壁收敛试验模型洞）；19—原洞壁收敛试验子埋洞；
20—排风及安全交通洞（原主、副厂房顶拱施工洞）；21—排风洞（原主变压器顶拱离开支洞）；
22—排风兼安全出口竖井；23—500kV 电缆兼安全出口竖井；24—引水施工支洞；25—高压引水隧洞；
26—高压引水钢管；27—岔管；28—尾水隧洞；29—自流排水洞

抽水蓄能电站的地下厂房主要有三种结构形式，即地面式地下厂房、竖井式地下厂房与常规式地下厂房。

抽水蓄能电站的地下厂房紧靠下库是合理的，但当地下水位变化较大时，就要求厂房周围具有较好的防渗功能，另外，厂房地基扬压力过大，必须加大厂房自重。为此，将厂房做成封闭式结构，其上用回填土压重，这就形成了地面式地下厂房，如图 9-3-2 所示。由于地面式地下厂房所能适应的荷载是有限的，随着吸出高度的增大，安装高程的降低，直接靠近下库的厂房将难以承

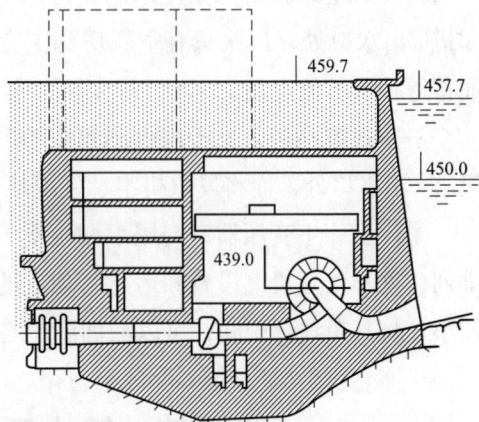

图 9-3-2 地面式地下厂房（单位：m）

受过大的水压力，此时如果将其移开下库，做成竖井式厂房，则更为经济可靠。竖井式厂房如图 9-3-3 所示。当然，常规的地下式厂房在适应高水头、大吸出高度等方面更能发挥其独特的优越性。当今世界各国修建的一些大型高水头抽水蓄能电站很多都采用地下式厂房结构。

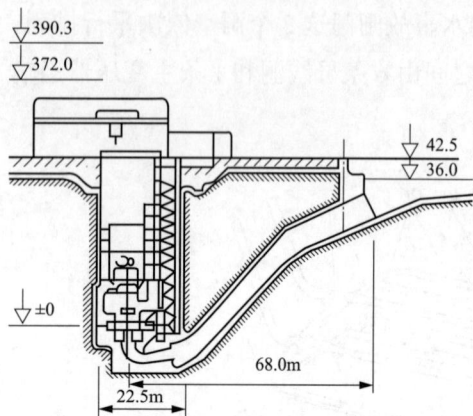

图 9-3-3　竖井式厂房（单位：m）

二、地下洞室群布置

抽水蓄能电站地下厂房区主要有主厂房、主变压器室、尾水闸门室和尾水调压室四大洞室，地下开关站通常和主变压器合为一个洞室。地下厂房布置要优先考虑这些主要洞室的位置选择，即根据厂区地形、地质条件，研究确定主要洞室合适的位置及它们的组合。

对于尾部式电站及部分中部式电站没有尾水调压室；尾水闸门室可以布置在厂房下游，也可布置在下水库/出水口处；主变压器室通常布置在主厂房下游单独洞室内，也有和主厂房同在一个洞室。根据四大洞室的布置，主要可分为一室式、二室式、三室式和四室式四类。

主厂房、主变压器室、尾闸室、调压室分别布置在四个相对独立的洞室内，就构成四室式布置。首部与中部式厂房中，这类布置最常见，如北京十三陵抽蓄、山东泰山抽蓄、华东宜兴抽蓄及辽宁蒲石河抽蓄等抽水蓄能电站。

三室式布置主要见于没有尾水调压室的尾部式电站及部分中部式电站，主厂房、主变压器室、尾闸室三个洞室并列布置，如华东天荒坪抽蓄、湖北白莲河抽蓄、河南国网宝泉抽蓄等抽水蓄能电站。

二室式电站较常见于尾水洞较短的尾部式电站，没有尾水调压室，尾水闸门布置在下水库进/出水口处，厂区只有主厂房和主变压器室两个洞室，如山西西龙池抽蓄、河北张河湾抽蓄等抽水蓄能电站。

一室式电站较常见于尾水洞较短的尾部式电站，没有尾水调压室，尾水闸门布置在下水库进/出水口处，而将发电机组、主变压器布置在一起。

主厂房、主变压器室与尾水调压室（尾水闸门室较小，影响也较小）几大洞室依次平行排列，这不仅是机电设备和运行管理上的需要，也符合结构优化的原则，主变压器洞因高度较小，将其布置在中间，可以增加洞室之间岩柱的稳定。

第四节　输水系统及施工支洞基础知识

一、输水系统

在常规水电站中，水流只从上游流到厂房尾水下游河道或梯级的下级水库，所以把从进水口到尾水出口的水道称为引水水力系统。但在近代抽水蓄能电站中输水道中的水流为双向流动，因此常把抽水蓄能电站中的水道称为输水水力系统。

抽水蓄能电站输水系统主要包括进（出）水口建筑物、压力管道、分岔系统和调压设施。

（一）进（出）水口

上、下库的进/出水口是引水系统中结构较复杂的水工建筑物。进/出水口是水流从水库到隧洞或相反方向流动的接口部位，包括拦沙坎、导水墙、拦污栅、防涡梁、闸门、通气孔、旁通阀等部分，起着导引水流、使水流平稳无漩涡地过渡、减少水力损失的作用，同时阻拦库中的泥沙、悬浮污物进入引水隧洞。

1. 进（出）水口的特点

（1）水流是双向流动的，因此体型轮廓设计要求更严格。进水时，要逐渐收缩，出水时，应逐渐扩散，全断面上流速应尽量均匀，不发生回流、脱离，因此渐变段长度一般较长。

（2）由于发电及抽水时，均要过水，因此水头损失要求更小些，否则整个系统的总效率将降低。

（3）为了减少抽水蓄能电站上库、下库的开挖工程量，要求尽可能利用库容，因此在某些情况下，上库和下库的工作水深较大；而当库水位较低时，容易发生入流漩涡，这在设计进（出）水口时，应设法避免。

（4）抽水蓄能电站单机容量常较大，水道中流速亦较大，可能达到5~6m/s。若出流时，扩散不良，或发生漩涡回流，局部流速可能更高，不仅水头损失增大，甚至会引起拦污栅振动、破坏。

（5）抽水蓄能电站的上、下库容一般不太大，放流时，有可能造成整个水库水体发生环流，引起某些不良后果，因此在设计进（出）水口时应避免或减轻这种不良后果。

2. 进（出）水口的形式

抽水蓄能电站的进（出）水口因为有入流和出流这种双向水流的功能，主要分为竖井式进（出）水口和侧式进（出）水口两类。

根据竖井式或侧式进（出）水口的形式，其可以由不同的结构组成，如图9-4-1所示的竖井式进（出）水口和如图9-4-2所示的侧式进（出）水口，前者是由一个大直径的

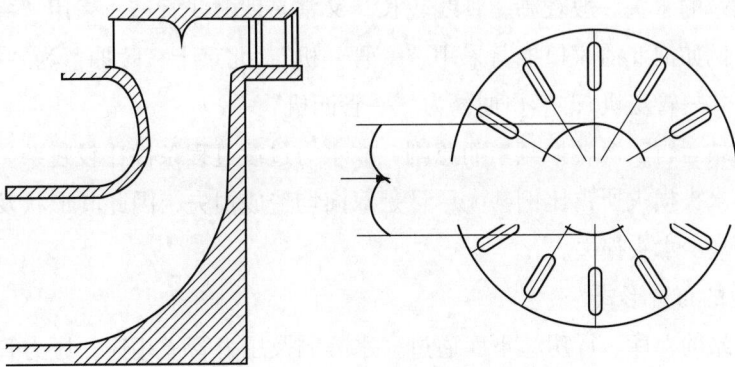

图9-4-1 竖井式进（出）水口

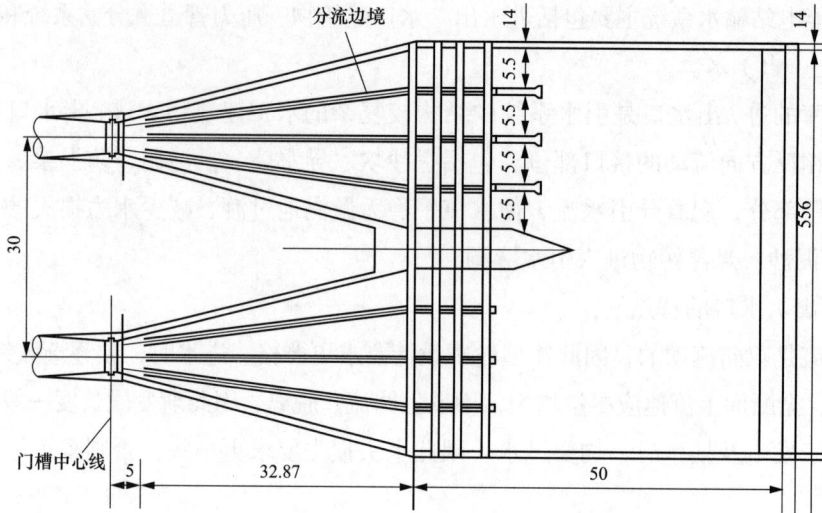

图 9-4-2　侧式进（出）水口示意图（单位：m）

塔架和顶盖（或开敞无顶盖）、分隔墩、弯管段（或竖井段）组成；后者由长度和夹角都比较大的渐变段、防蜗梁、分流墩和边墩、闸门井等组成。无论是竖井式还是侧式进（出）水口，分流墩的作用都是使进（出）水流的流速和分流流量比较均匀；防蜗梁是为了防止进（出）水口在运行过程中因水位的频繁变换和两岸基础地形的影响而可能产生的漩涡，或是为了防止和减少漩涡对建筑物的危害。

（二）压力管道

1. 抽水蓄能电站压力管道的特点

大多数抽水蓄能电站水头高、安装高程低，因此常采用地下厂房和地下压力管道。由于抽水蓄能电站往往选择在地质较好的地区，一般选在火成岩或变质岩地区，因此，不少蓄能电站的压力管道会采用钢筋混凝土衬砌或预应力混凝土衬砌。当然，也有不少蓄能电站采用钢板衬砌隧洞，尤其是靠近厂房段必须用钢板衬砌。

抽水蓄能电站是采用"一管一机"供水还是"一管多机"供水，需经技术经济比较确定。由于抽水蓄能电站的水头一般较高，管线较长，又常是埋藏式管道，采用"一管多机"供水一般较为经济。例如河北潘家口抽蓄采用"一管一机"；北京十三陵抽蓄为"一管两机"；华东天荒坪抽蓄为"一管三机"；广州抽蓄为"一管四机"。

抽水蓄能电站运行工况转换频繁而急剧，故水力过渡过程条件比较复杂。在整个输水系统中，分岔段的水头损失所占比例甚大，且是双向均造成损失，因此其形状及轮廓尺寸要仔细选择，以尽量减少水头损失。

2. 压力管道的布置形式

抽水蓄能电站的上库、厂房、下库通过引水隧洞及压力管道相连。压力管道的结构形式及布置方式与厂房设计密切相关，应作为一个整体考虑。布置方式主要取决于地形、地质条件，应因地制宜，合理地应用。在地形条件不太理想、水道线路较长的情况下，一般需设有调压室，以降低高压管道的水击压力，满足机组的调节和保证计算的要求。

（三）分岔系统

1. 岔管的特点

抽水蓄能电站往往是高水头、大流量和大容量的电站，需要在距厂房上、下游的一定距离处采用由引水主管分岔进入电站各机组的结构，这种结构就是岔管。由于特殊的功用和所处的位置，一般国内的岔管有以下特点：

（1）水流条件较差，引起的水头损失较大。

（2）岔管由薄壳和刚度较大的加强构件组成，管壁厚，构件尺寸大，有时需锻造焊接，工艺要求高，造价较高。

（3）受力条件差，所承受的静动水压力最大，又靠近厂房，其安全性十分重要。

（4）我国已经建成的电站岔管大多数属于地下岔管，但大多按明管设计，即不考虑周围岩体分担荷载，但也有依靠围岩承载的地下岔管。

2. 岔管的布置方式及类型

岔管按主、支管经济流速的要求和管道整体布置的平面，以及岔管处岩层的性能和覆盖情况进行"一管多机"的布置，可以是"一管两机""一管三机"或"一管四机"的管数布置。按照布置方式，结合管道的总体布置和进（出）水口的方向等可布置成 Y 形、卜形、Y 卜混合形、球形等形式。

岔管按材料分主要有两大类：一类是混凝土或钢筋混凝土岔管；另一类是钢板衬砌岔管。前者用在围岩条件较好、覆盖足够厚的情况，后者用于覆盖厚度不够或围岩条件较差的情况。

3. 调压系统

（1）调压室的作用。在较长的输水系统中，为了降低高压管道的水击压力，满足机组调节和保证计算的要求，常在压力引水隧洞与压力管道衔接处建造调压室，这样，从水库到调压室为纵向坡度较缓的压力隧洞，其内压力较低，而从调压室到厂房为坡度较陡的高压管道。有时如果尾水隧洞的长度较大，也可设置尾水调压室。如果输水系统较短，满足电站安全、稳定运行的条件，经核算，也可不设调压室，如天荒坪抽水蓄能电站。

调压室利用扩大断面和自由水面反射水击波，将有压引水系统分成两段：上游段为压力引水道和下游段为压力管道。调压室的功用可归纳为以下几点：

1）反射水击波，基本上避免（或减小）了压力管道末端传来的水击波进入压力引水隧洞。

2）缩短了压力管道的长度，从而减小了压力管道及厂房过水部分的水击压力。

3）改善机组在负荷突变时的运行条件。

4）由于从水库到调压室之间引水隧洞的水压力较低，从而降低了其设计标准，节省了建设经费。

（2）调压室的布置方式和类型。根据调压室与厂房相对位置的不同，调压室的布置有上游调压室（引水调压室）、下游调压室（尾水调压室）、上下游双调压室系统、上游双调压室系统四种基本方式。

1）上游调压室（引水调压室）。调压室位于厂房上游的引水道上，如图9-4-3（a）所示，这种布置方式适用于厂房上游有较长的有压引水道的情况，应用也最广泛。

2）下游调压室（尾水调压室）。当厂房下游尾水隧洞较长时，需设置尾水调压室以减小水击压力，特别是防止在丢弃负荷时产生过大的负水击（由于突然关闭阀门所发生的水击称为正水击。迅速开启阀门时，便会发生压力降低的现象，这种现象称为负水击），尾水调压室应尽可能靠近水轮机，如图9-4-3（b）所示。

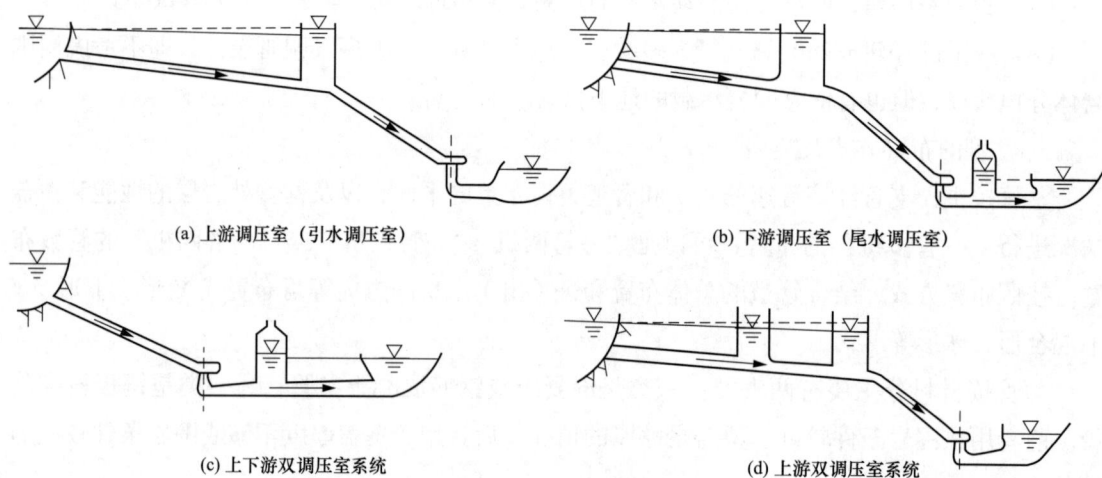

(a) 上游调压室（引水调压室）

(b) 下游调压室（尾水调压室）

(c) 上下游双调压室系统

(d) 上游双调压室系统

图 9-4-3　调压室的布置方式

3）上下游双调压室系统。由于布置上的原因，有些地下厂房的上下游都有较长的压力水道，为了减小水击压力，改善机组运行条件，在厂房的上下游均设置调压室而成为双调压室系统，如图9-4-3（c）所示。

4）上游双调压室系统。当上游引水道较长时，也有设置两个调压室的，如图9-4-3（d）所示。靠近厂房的调压室对于反射水击波起主导作用，称为主调压室；靠近上游的调压室用来帮助衰减引水系统的波动，降低主调压室的高度，称为辅助调压室。辅助调压室越接近主调压室所起的作用越大，越接近上游其作用越小。

调压室的基本类型有简单圆筒式调压室、阻抗式调压室、水室式调压室、溢流式调压室、差动式调压室和气垫式或半气垫式调压室等。

二、施工支洞布置

施工支洞布置应根据地下系统工程布置、规模及结构形式、地形地质条件、外部交通条件、工期要求、施工方法等情况，经综合分析比较后确定。施工支洞设置宜遵循"永临结合、一洞多用"原则，尽量利用永久洞室（排风洞、交通洞等）或地质探洞作为施工通道。施工支洞的断面尺寸应根据通过的施工设备的尺寸确定，同时还应兼顾布置通风管路、供水管道、照明线路、排水沟（管）和人行道等要求；运输岔管、钢管的施工支洞的断面尺寸应根据所运物件的最小转弯半径和转弯洞段加宽值。施工支洞的坡度一般不超过 9%，相应限制坡长 150m，局部最大坡度不宜大于 15%。支洞轴线与主洞轴线的交角不宜小于 45°，宜应在交叉口设置不小于 20m 的平段。

（1）抽水蓄能电站水道系统的高压管道上、下平洞部位应布置施工支洞，如果高压管道设置中平段，该部位也应布置施工支洞。当竖井（或斜井）较长，一般超过 500m 时，根据工期要求可在其中部设置施工支洞。尾水隧洞施工支洞宜靠近地下厂房设置。水道系统施工支洞布置宜尽量从同一侧进入。

广州抽蓄一期和二期、北京十三陵抽蓄、山西西龙池抽蓄等抽水蓄能电站的高压斜井设有中平段，分别在上、中、下平段布置上部、中部和下部施工支洞。

华东天荒坪电站工程高压斜井长 697.37m，没有设置中平段，在斜井的中部设置中部施工支洞及下岔洞，其间留有 8.5m 厚的岩壁。

河北张河湾电站工程高压竖井长 341.26m，其上平段很短且受地形条件限制，布置上部施工支洞比较困难，但上弯段处埋深较浅，所以根据枢纽布置及地形地质条件，布置 40m 深的施工竖井与高压竖井相连，供竖井开挖及钢管和混凝土的运输，并避免了与上水库进/出水口施工的干扰；利用高出下平洞约 70m 的地质探洞扩挖成施工支洞来解决竖井溜渣导井施工，施工支洞以上采用反井钻机施工溜渣导井 307m（目前国内水电工程利用反井钻机施工溜渣导井达到的最大深度），以下 70m 采用人工正井法施工溜渣导井。

（2）地下厂房系统的施工支洞布置应尽量利用厂房通风洞、交通洞、高压管道下平洞、尾水支洞，并通过综合分析，确定施工支洞的数量、位置、断面。地下厂房施工从顶部到底部一般布置 4 层施工通道。

第五节　其他附属水工设施

一、厂区道路及桥梁基础知识

（一）厂区道路

厂区道路是工程施工期间衔接施工对外交通，联系工地内部各工区之间的交通。厂区临时道路包括为施工需要而布置的临时交通运输线路，如连通各施工区的下基坑道路、地下工程施工支洞，及联系当地材料料场、堆弃渣场、生产及生活区的临时交通，一般在工程竣工后废弃。场内永久交通线路如厂顶风洞、进厂交通洞、环库过坝公路和出线场道路等从用途上也属于施工场内交通范围。因此，施工场内交通应尽量与永久设施相结合以节约工程投资。一般场内交通多属施工准备工程范畴。

（二）桥梁

抽水蓄能电站厂区或营地区域内有跨河（江）交通需求时需建设桥梁工程。桥梁一般由上部构造、下部构造、支座和附属构造物组成。上部结构又称桥跨结构，是跨越障碍的主要结构；下部结构包括桥台、桥墩和基础；支座为桥跨结构与桥墩或桥台的支承处所设置的传力装置；附属构造物则指桥头搭板、锥形护坡、护岸、导流工程等。

在抽水蓄能电站厂区根据使用功能可分为公路桥梁和大坝工作桥。公路桥梁是指公路跨越水域、山谷及一切交通通道的构造物，专为电站运输物资和工作人员（有的地段兼任地方公路车辆和行人通行）而建。大坝工作桥一般为跨越泄洪溢流面或闸孔而建，主要用于放置闸门的启闭机械，并便于操作工作人员行走，有的也兼作公路通行。工作桥高度随闸门形式、宽度随启闭机要求而定，其桥墩往往就是闸墩或闸墩的延伸、加高部分。

二、边坡、渣场基础知识

（一）边坡

1. 边坡定义

边坡是指自然或人工形成的斜坡，是工程活动中最基本的地质环境之一，也是工程建设中最常见的工程形式。

2. 边坡分类

（1）按照边坡的成因可分为天然边坡和人工边坡。天然边坡是自然形成的山坡和江河湖海的岸坡；人工边坡是由于人为的生产建设活动形成的坡面。

（2）按照构成边坡坡体材料的性质可分为土质边坡和岩质边坡。

（3）按照边坡的稳定性程度可分为稳定性边坡、基本稳定边坡、欠稳定边坡和不稳定边坡。这种分类一般根据边坡的稳定性系数的大小进行划分，但无严格的规定。对于不稳定边坡应设置监测装置，对于稳定边坡应按周期进行巡视检查。

（4）按照边坡的高度分类，岩质边坡高度大于15m称为高边坡，小于15m称为一般边坡；土质边坡高度大于10m称为高边坡，小于10m称为一般边坡。

（5）根据边坡的断面形式可分为直立式边坡、倾斜式边坡、台阶型边坡和复合型边坡。

（6）根据使用年限分为临时性边坡和永久性边坡。临时性边坡指工作年限不超过两年的边坡；永久性边坡是指工作年限超过两年的边坡。

3. 边坡的破坏形式

（1）崩塌：由结构面切割形成块体，突然脱离母体以垂直运动为主、翻滚跌跃而下的现象和过程。

（2）滑坡：岩体沿着贯通的剪切破坏面，产生以水平运动为主的现象。

（3）倾倒破坏：由陡倾或直立板状岩体组成的斜坡，当岩层走向与坡面走向近平行时，在自重应力的长期作用下，由前缘开始向临空方向弯曲、折裂，并逐渐向坡内发展的现象。

（二）渣场

抽水蓄能电站工程大多距离负荷中心、大中城市较近，这些工程对生态环境保护和水土保持工作要求很高；而且渣场距开挖地点或使用地点的远近、高低直接影响工程造价，因此渣场规划对施工组织设计来说就显得尤其重要。

渣场根据渣料是否最终被利用分为转渣场和弃渣场。抽水蓄能电站工程开挖经动态调配在施工期得以充分利用，一部分直接利用，一部分因开挖与开挖料使用进度不一致而要堆放转渣场，但仍有大量的开挖料无法利用要弃至弃渣场。转渣场要做好施工期临时防护，弃渣场要做好永久防护。

渣场防护工程主要包括拦渣坝、排水工程及坡面防护工程，工程措施设计要考虑与植物措施相结合，此处重点介绍工程措施。

（1）严格控制堆渣程序，确定合理的边坡坡角。渣体的边坡坡角直接关系到渣体边坡的稳定及水土流失的防治，因此，弃渣期应严格按照渣场规划要求弃渣，杜绝因弃渣不当造成高陡边坡；确定合理的边坡坡角，充分利用渣料自身的稳定性，同时考虑施工机械在坡面上施工的需要，通常永久堆渣体边坡为 1:1.8～1:2；另外，永久堆渣体坡面每隔 10～20m 高差设置一条马道，马道宽度为 2～5m。

（2）设置畅通的排水体系。通畅的排水体系对于渣场小流域范围内的水土流失防治和坝体稳定十分重要，在渣场周围的山坡上设置通畅的排洪渠、截排水沟；在渣体的马道上设置马道排水沟，并与四周的排洪渠相连接；在洪峰流量较大的渣场上游应设置引水排洪设施，通过这些相互贯通的排水体系，保证各渣场小流域范围内设计洪水安全排出。

（3）采取合理的护坡措施。合理的护坡措施有利于保证渣体稳定和减少水土流失。护坡工程采用工程措施和植物措施相结合的方法，除了在弃渣体堆置完毕后，渣体边坡坡面削坡分级，修建马道，部分渣体坡面设置铅丝笼压坡外，还应在渣体坡面及顶部覆盖表土，种植草皮、灌木或复耕。

（4）渣体坡脚设置拦渣坝。考虑坝址区的实际地质地形条件、渣场的使用期限、当地材料，可在渣体坡脚设置浆砌石坝或堆石拦渣坝。浆砌石坝的优点是与地基结合良好，整体稳定性高，可靠度、耐久性较佳，并且断面小，工程量小；堆石坝的优点是适应地基变形性好，透水性好，造价低，施工方便。

三、截、排水沟及公路涵洞基础知识

（一）截、排水沟

1. 截水沟

截水沟又称导流沟、引洪渠，是在斜坡上每隔一段距离，在平行等高线或近平行等高线上修筑的，具有一定坡度的沟。截水沟的作用是将坡面上部的径流导引至天然沟渠，保护下部设施、边坡、田地等免遭冲刷。截水沟断面形式一般均为梯形，与纵向布置的排水沟相连，不仅可以切断坡面上方产生的径流，还可以将径流按设计要求引至坡面蓄水工程或农田、林场、草场。

2. 排水沟

排水沟的主要功能是排除地面水和降低地下水，具体来说是除涝、排渍、治碱、滞蓄、养殖和灌溉等。对于电站来说，排水沟最重要的功能是防止雨水等外来水灌入厂房及其他电力设施建筑物、将厂房渗水和技术排水等水量排出厂房外，确保工程区域内电力设施用房安全运行。排水沟分为撇水沟、天沟、排洪沟。排水沟一方面在发生内涝的情况下，要使沟道能够顺利地将地面径流排入承泄区；另一方面，在正常情况下，要使沟道能够将排区地下水位控制到一定的埋深。排水沟要分段设置跌水，末端应设消能设施。对于消能设施，当坡度缓、流量小时，可用消力池消能；当坡度陡、流量大时，应采取多级跌水或加糙（坎）消能。

（二）公路涵洞

抽水蓄能电站工程多数位于中心城市边缘山区、风景旅游区附近，也有处于偏远山区，交通差异较大。抽水蓄能电站的自身特性决定了其永久和临建工程布置分散、高差大、点多面广；而且大型工程的工程量较大，建设周期长，场内外运输任务比较复杂艰巨。正确选用施工交通运输方案、建设规模和技术标准、内外交通衔接方式、站场规模和设施以及管理维护工作形式等，对保证工程进度、保护环境、节约建设投资都具有十分重要的作用。

由于公路建设速度快，技术要求较铁路低，而且对地形适应性强，与当地公路网连接比较容易，建设投资省，其土建工程量大体只有铁路的30%～40%，且可与电站的准备工程同步进行，在主体工程开工之前投入使用。

公路运输虽然单价高，但仍以方便、灵活、中转次数少等优点正在逐渐取代铁路运输。抽水蓄能电站的对外公路等级一般按照JTG B01—2014《公路工程技术标准》规定的公路等级选取，一般为三级或四级公路，也有结合建成后发展旅游考虑选择较高等级路面宽度的，但不应超过二级公路标准；通往上水库、下水库和发电厂房的路段如兼有部分场内运输任务时，应选用GBJ 22—1987《厂矿道路设计规范》所规定的场内道路或露天矿山道路相应等级。

思　考　题

1. 按建筑物的作用，可以将水工建筑物分为哪几类？
2. 土石坝的工作原理是什么？

3. 抽水蓄能电站的工作原理是什么？

4. 抽水蓄能电站由哪些部分组成？

5. 地下厂房的结构形式有哪几种？

6. 输水系统主要包括哪几部分？

7. 渣场治理的工程措施主要有哪些？

第十章　水工建筑物运行

本章概述

　　水工巡视检查是及时发现水工建筑物异常情况和缺陷隐患的有力手段，对掌握水工建筑物的运行情况至关重要。水工巡视检查按频次要求可分为日常巡视检查、年度巡视检查、定期巡视检查及特殊情况下的巡视检查等，按区域可大致分为大坝巡检、水库（库盆）巡检、地下厂房及洞室群巡检、输水系统及施工支洞巡检、厂房道路及桥梁巡检、边坡与渣场巡检。本章主要介绍水工巡视检查的一般要求、大坝巡视检查及其他水工设施巡视检查 3 大部分内容。

学习目标

学习目标	
知识目标	1. 了解水工不同巡视检查的要求及巡视检查报告的内容。 2. 了解混凝土坝及土石坝巡视检查的项目和内容。 3. 了解其他水工设施巡视检查的项目和内容。
技能目标	—

第一节　水工巡检一般要求

　　水工巡视检查按频次要求可分为日常巡视检查、年度巡视检查、定期巡视检查及特殊情况下的巡视检查等，按区域可大致分为大坝巡检、水库（库盆）巡检、地下厂房及洞室群巡检、输水系统及施工支洞巡检、厂房道路及桥梁巡检、边坡与渣场巡检。水工巡视检查是及时发现水工建筑物异常情况和缺陷隐患的有力手段，对掌握水工建筑物的运行情况至关重要。

一、水工巡视检查的一般要求

（一）日常巡视检查

1. 日常巡视检查的目的

日常巡视检查是对水工建筑物结构及安全可靠性的检查。日常巡视检查的目的是及时发现水工建筑物的异常现象或存在的隐患和缺陷，提出补救措施和改善意见，以作为水工建筑物维护、修复或加固、改善的基础。

2. 日常巡视检查的流程

日常巡视检查应根据水工建筑物的具体情况和特点，制订切实可行的巡视检查制度，具体规定巡视检查的时间、部位、内容和要求，并确定日常的巡视检查路线和检查顺序，由有经验的技术人员负责进行；巡查人员、时间间隔、巡查路线、检查内容应保持一致；每次日常巡查应尽量连续进行。

3. 巡视检查方法

日常巡视检查的方法主要依靠目视、耳听、手摸、鼻嗅等直观方法，可辅以锤、钎、量尺、放大镜、望远镜、照相机、摄像机等工器具进行；如有必要，可采用坑（槽）探挖、钻孔取样或孔内电视、注水或抽水试验、化学试剂测试、水下检查或水下电视摄像、超声波探测及锈蚀检测、材质化验或强度检测等特殊方法进行检查。

4. 日常巡视检查要求

（1）日常巡视检查必须是熟悉水工建筑物情况的专业人员参加，检查人员应相对稳定，人数不得少于2人，且不得分开巡检。

（2）日常巡视检查时应带好必要的辅助工具、照相设备和记录本，做好相应日常巡视检查记录。

（3）日常巡视检查发现严重影响建筑物安全的异常情况或突发事件，应立即按照本单位相关应急预案规定的应急处置流程执行。

（4）日常巡视检查发现的异常情况应进行定级、填报，并进行消缺。

（5）日常巡视检查中应对存在隐患的部位要进行重点检查。

5. 日常巡视检查的频率

（1）在施工期，宜每周2次，每月不得少于4次。

（2）水库第一次蓄水或提高水位期间，宜每天1次或每两天1次（依库水位上升速率而定）。

（3）正常运行期，每月应不少于1次，汛期应增加巡视检查次数。

（4）当水库遇到特殊工况时，应适当增加巡视检查次数。

（5）水库水位达到设计洪水位前后，每天至少应巡视检查1次。

（二）年度巡视检查

在每年汛前、汛后或枯水期（冰冻严重地区的冰冻期）及高水位低气温时，应对水工建筑物进行较为全面的年度巡视检查。年度巡视检查除按规定程序对水工建筑物各种设施进行外观检查外，还应审阅水工建筑物运行、维护记录和监测数据等资料档案，每年不少于2次。

（三）特殊情况下的巡视检查

在坝区（或其附近）发生有感地震、大坝遭受大洪水或库水位骤降、骤升，以及发生其他影响水工建筑物安全运用的特殊情况时，应及时进行的特殊情况巡视检查。

（四）定期检查

定期检查一般每 5 年进行 1 次；新建工程的第 1 次定期检查，在工程竣工安全鉴定完成 5 年后进行。

二、巡视检查记录和报告

（一）巡视检查记录的一般规定

（1）每次巡视检查均应做出巡检记录。如发现异常情况，除应详细记述时间、部位、险情和绘出草图外，必要时应测图、摄影或录像。

（2）现场记录必须及时整理，还应将本次巡视检查结果与以往巡视检查结果进行比较分析，分析有无异常迹象；如有问题或异常现象，应立即进行复查，以保证记录的准确性。

（3）巡视检查中发现异常现象时，应做出判断是否紧急情况，水工建筑物出现险情征兆时，必须立即报相关领导，并立即组织分析，按照险情预测和应急处理预案处置并上报；不需要处理的，应做好记录，年底进行统计并整理归档。

（二）巡视检查报告编写的一般规定

（1）巡视检查报告由检查人员进行编写，电站管理单位的技术部门进行审核、批准。

（2）日常巡视检查报告需在检查工作结束后 7 天内完成。

（3）年度巡视检查在现场工作结束后 20 天内提出详细报告。

（4）特殊情况下的巡视检查，应在现场工作结束后立即提交一份简报，并在 20 天内提出详细报告。

（5）检查中发现异常情况时，应立即编写专门的检查报告，并及时上报。

（6）各种填表和记录、报告至少应保留一份副本，存档备查。

（三）巡视检查报告的编写要求

（1）日常巡视检查报告是现场检查的成果，报告内容应简明扼要，力求全面、客观地叙述现场状况，必要时附上照片及略图。

（2）检查报告中的各种数据、报表都应经过电站管理单位的技术部门确认签名。

（3）检查报告须有检查人员的手写签名。

（4）报告提出的结论和建议要有充分的基础和依据，对存在的问题要有解决的办法。

（5）现场检查评价各建筑物结构性态和设备运行工况时，一般可使用如下术语：

1）良好：指建筑物性态和运行性能良好，能达到预期效果。

2）正常：指建筑物性态和运行性能正常，能达到预期效果，但需要维修。

3）较差：指建筑物性态和运行性能可能达不到预期效果，必须修理。

4）很差：指建筑物质量无法达到预期效果。

（四）日常巡视检查报告的内容

日常巡视检查报告的内容应包括（但不局限于）以下几方面：

（1）工程简介和检查情况。

（2）现场审阅的数据、资料和运行情况。

（3）运行期间大坝承受的历史最大荷载及其工况和设备运行情况。

（4）现场检查结果。

（5）结论和建议。

（6）存在问题。

（7）现场检查照片、录像和图纸。

（五）年度和特殊情况下巡视检查报告的内容

年度巡视检查报告和特殊情况下巡视检查报告的内容应包括（但不局限于）以下几方面：

（1）检查日期。

（2）本次检查的目的和任务。

（3）检查组参加人员名单及其职务。

（4）对规定项目的检查结果（包括文字记录、略图、素描和照片）。

（5）历次检查结果的对比、分析和判断。

（6）不属于规定检查项目的异常情况发现、分析及判断。

（7）必须加以说明的特殊问题。

（8）检查结论（包括对某些检查结论的不一致意见）。

（9）检查组的建议。

（10）检查组成员的签名。

第二节　大　坝　巡　检

大坝巡视检查重点检查坝基和坝肩、坝体、泄水建筑物及水工相关金属结构、大坝安全监测设施等部位的状况，是及时发现大坝异常情况和缺陷隐患的有力手段，对掌握大坝的运行情况至关重要。

一、混凝土坝的巡视检查

混凝土坝巡视检查的项目和内容：

1. 坝基和坝肩

坝基和坝肩的检查应注意其稳定性、渗漏、管涌和变形等。

（1）两岸坝肩区：绕渗、溶蚀、管涌、裂缝、滑坡、沉陷。

（2）下游坝脚：集中渗流、渗流量变化、渗漏水水质；管涌；沉陷；坝基冲刷、淘刷。

（3）坝体与岸坡交接处：坝体与岩体接合处错动、脱离；渗流；稳定情况。

（4）灌浆及基础排水廊道：排水量变化，浑浊度、水质；基础岩石挤压、松动、鼓出、错动。

（5）其他异常现象。

2. 坝体

坝体检查应注意沉陷、渗漏、渗透和扬压力、过应力、施工期裂缝以及混凝土的碱骨料和其他化学反应、冻融、溶蚀、水流侵蚀、空蚀等。

（1）坝顶：坝面及防浪墙裂缝、错动；坝体位移，相邻两坝段之间不均匀位移；沉陷变形；伸缩缝开合情况、止水装置破坏或失效。

（2）上游面：裂缝、剥蚀、膨胀、伸缩缝开合。

（3）下游面：松软、脱落、剥蚀；裂缝、露筋；渗漏；杂草生长；膨胀、溶蚀、钙质离析、碱骨料反应；冻融破坏、溢流面冲蚀、磨损、空蚀。

（4）廊道：裂缝、漏水；剥蚀；伸缩缝开合情况。

（5）排水系统：排水不畅或堵塞；排水量变化。

（6）观测设备：仪器工作状况。

（7）其他异常现象。

3. 泄水建筑物

泄水建筑物检查，应着重于泄洪能力和运行情况，应对进水口、闸门及控制设备、过水部分和下游消能设施等各组成部分进行分项检查。

（1）开敞式溢洪道。

1）进水渠：进口附近库岩塌方、滑坡；漂浮物、堆积物、水草生长；渠道边坡稳定；护坡混凝土衬砌裂缝；沉陷；边坡及附近渗水坑、冒泡、管涌；动物洞穴；流态不良或恶化。

2）溢流堰、边墙、堰顶桥：混凝土空蚀、磨损、冲刷；裂缝、漏水；通气孔淤沙；边墙不稳定；流态不良或恶化。

3）泄水槽：漂浮物；空蚀（尤其是接缝处与弯道后）；冲蚀；裂缝。

4）消能设施（包括消力池，鼻坎、护坦）：堆积物；裂缝；沉陷；位移；接缝破坏；冲刷；磨损；鼻坎或消力戽振动空蚀；下游基础淘蚀；流态不良或恶化。

5）下游河床及岸坡：冲刷、变形；危及坝基的淘刷。

6）其他异常现象。

（2）隧洞或管道。

1）进水口：漂浮物、堆积物；流态不良或恶化；闸门振动；通气孔（槽）通气不畅；混凝土空蚀。

2）隧洞、竖井：混凝土衬砌剥落、裂缝、漏水；空蚀、冲蚀；围岩崩塌、掉块、淤积；排水孔堵塞；流态不良或恶化。

3）混凝土管道：裂缝、鼓胀、扭变；漏水及混凝土破坏。

4）其他异常现象。

4. 水工相关金属结构

（1）工作闸门、检修闸门的门槽及导轨有无锈蚀、裂纹、变形、空蚀和磨损；止水装置座板及底坎有无松动、脱落。

（2）拦污排漂和拦污栅本体结构是否完整、是否存在破损、锈蚀；拦污排漂和拦污栅前污物、排漂（拦污栅）前后水位差是否影响结构安全。

（3）闸门、启闭机的结构应无异常变形、无附着杂物；设备防腐涂层应完好；各支撑结构、轴承应完好；闸门螺栓、止水装置应完好；启闭机设备电源完好；启闭设备的电机、钢丝绳、液压系统等应正常。

（4）闸门运行过程中应无振动、偏斜、卡阻和爬行等异常现象。

5. 大坝安全监测设施

（1）检查各类监测仪器设施是否完好，是否存在潮湿、锈蚀现象，能否正常监测。

（2）各测点的保护装置（如保护盖、监测房、孔口装置）及接地防雷装置是否完好。

（3）监测仪器电缆、监测自动化系统网络电缆、电源电缆及供电系统等是否完好。

二、土石坝的巡视检查

土石坝巡视检查的项目和内容：

1. 坝体

（1）坝顶有无裂缝、异常变形、积水和植物滋生等现象；防浪墙有无开裂、挤碎、架空、错断、倾斜等情况。

（2）迎水坡护面或护坡有无裂缝、剥落、滑动、隆起、塌坑、冲刷或植物滋生等现象；近坝水面有无冒泡、变浑或漩涡等现象。

（3）背水坡及坝趾有无裂缝、剥落、滑动、隆起、塌坑、雨淋沟、散浸、积雪不均匀融化、冒水、渗水坑或流土、管涌等现象；排水系统是否通畅；草皮护坡植被是否完好；有无兽洞、蚁穴等隐患；滤水坝趾、减压井（或沟）等导渗降压设施有无异常或破坏现象。

2. 坝基和坝区

（1）坝基基础排水设施的工况是否正常，渗漏水的水量、颜色、气味及浑浊度、酸碱度、温度有无变化，基础廊道是否有裂缝、渗水等现象。

（2）坝体与基岩（或岸坡）接合处有无错动、开裂及渗水等情况，两坝端区有无裂缝、滑动、崩塌、溶蚀、隆起、塌坑、异常渗水、蚁穴、兽洞等。

（3）坝趾区有无阴湿、渗水、管涌、流土和隆起等现象，基础排水及渗流监测设施的工作状况、渗漏水的漏水量及浑浊度有无变化。

（4）地下水露头及绕坝渗流情况是否正常，岸坡有无冲刷、塌陷、裂缝及滑动迹象，护坡有无隆起、塌陷和其他损坏现象。

3. 引水建筑物

进水口和引水渠道有无堵淤、裂缝及损伤，检查控制建筑物及进水口拦污设施状况、水流流态。

4. 泄水建筑物

（1）溢洪道（泄水洞）的闸墩、边墙、胸墙、溢流面（洞身）、底板、工作桥等处有无裂缝和损伤。

（2）上游拦污设施情况。

（3）水流流态。

（4）消能设施有无磨损冲蚀和淤积情况。

（5）下游河床及岸坡有无冲刷和淤积情况。

5. 水工相关金属结构

（1）工作闸门、检修闸门的门槽及导轨有无锈蚀、裂纹、变形、空蚀和磨损；止水装置座板及底槛有无松动、脱落。

（2）拦污排漂和拦污栅本体结构是否完整、是否存在破损、锈蚀；拦污排漂和拦污栅前污物、排漂（拦污栅）前后水位差是否影响结构安全。

（3）闸门、启闭机的结构应无异常变形、无附着杂物；设备防腐涂层应完好；各支撑结构、轴承应完好；闸门螺栓、止水装置应完好；启闭机设备电源完好；启闭设备的电机、钢丝绳、液压系统等应正常。

（4）闸门运行过程中应无振动、偏斜、卡阻和爬行等异常现象。

6. 监测设施

（1）检查各类监测仪器设施是否完好，是否存在潮湿、锈蚀现象，能否正常监测。

（2）各测点的保护装置（如保护盖、监测房、孔口装置）及接地防雷装置是否完好。

（3）监测仪器电缆、监测自动化系统网络电缆、电源电缆及供电系统等是否完好。

第三节　其他水工设施巡检

其他水工设施巡检是指除大坝巡检外的其他水工建筑物巡视检查，大致包括水库（库盆）巡检、地下厂房及洞室群巡检、输水系统及施工支洞巡检、厂区道路及桥梁巡检、边坡及渣场巡检。下文重点介绍水库（库盆）巡检和地下厂房及洞室群巡检。

一、水库（库盆）巡检

（一）水库巡视检查的项目和内容

（1）库岸稳定性：

1）近坝两岸：检查有无爆破、打井、采石（矿）、采砂、取土、非法取水，埋设管道（线），有无兴建房屋、码头等活动；有无坍塌、滑坡、塌方、滚石等。

2）上下游边（护）坡：检查有无坍塌、滑坡、塌方、冲刷、冲淘，坝近区有无阴湿、渗水、管涌、流土；排水设施是否完好，护坡有无塌陷、隆起等。

（2）渗漏、地下水位波动值是否异常。

（3）是否存在冒泡现象。

（4）库面漂浮物情况、来源及程度。

（5）库底排水廊道情况。

（二）库区巡视检查的项目和内容

（1）滑坡及崩塌等地质灾害情况：

1）库区滑坡体、塌岸规模、方位。

2）变形、崩塌。

3）对水库的影响和发展情况。

4）支护外观形态。

5）边坡表面裂缝、崩塌、渗水情况。

（2）附近地区渗水坑、地槽。

（3）库周水土保持和围垦情况。

（4）库周公路及建筑物是否存在沉降、裂缝。

（5）矿山资源及地下水开采情况。

（6）与大坝在同一地质构造上的其他建筑物的反应。

（三）库盆（水库低水位时，或放空时）巡视检查的项目和内容

（1）结构缝或施工缝情况。

（2）是否存在表面塌陷。

（3）是否形成渗水坑。

（4）是否存在原地面剥蚀。

（5）是否存在淤积。

（四）库盆库底廊道巡视检查的项目和内容

（1）顶拱、边墙及底板：检查有无新增裂缝、结构缝，原有裂缝是否有发展趋势。

（2）排水孔、排水沟：检查有无堵塞或排水不畅、渗水量变化、渗水水质变化、析出物情况等。

二、地下厂房及洞室群巡检的项目和内容

（1）排水（交通）廊道：检查裂缝及施工缝、剥（脱）落、隆起、膨胀，露筋，伸缩缝开合，渗（冒）水，渗水量、颜色变化，浑浊度，钙质离析（析出物）。

（2）地面排水：检查基础排水、排水沟、地漏堵塞。

（3）厂房结构：检查柱梁结构变形、稳定，混凝土裂缝、膨胀，露筋，伸缩缝开合，渗漏水、析出物等。

思　考　题

1. 按频次要求水工巡视检查可分为哪几类？

2. 日常巡视检查报告包括哪些内容？

3. 土石坝的巡视检查包括哪些项目？

4. 地下厂房及洞室群巡检包括哪些项目？

第十一章 水工建筑物维护

本章概述

水工建筑物在施工及运行过程中，常常会出现一些缺陷或隐患，从而影响水工建筑物的安全稳定运行。为了确保水工建筑物长期安全稳定运行，工程技术人员应根据缺陷或隐患实际采取有效措施，及时消除缺陷或隐患，保证工程的安全。本章主要介绍混凝土缺陷处理方法、土石坝缺陷处理方法、边坡及洞室缺陷处理方法和水工观测技术4部分内容。

学习目标

学习目标	
知识目标	1. 了解混凝土、土石坝及边坡与洞室存在缺陷的类型、成因及处理方法。 2. 了解相关的水工观测技术。
技能目标	—

第一节 混凝土缺陷处理方法

混凝土，简称为"砼"，通常是指用水泥作胶凝材料，砂、石作骨料，与水（可含外加剂和掺合料）按一定比例配合，经搅拌而得的水泥混凝土，广泛应用于土木工程。其中，水工混凝土是指经常性或周期性的受水作用的建筑物（或建筑物的一部分）所用的并能保证建筑物在上述条件下长期正常使用的混凝土，要求具有高抗渗性、耐蚀性和抗冲刷性。

在水利工程的施工及运行过程中，混凝土结构经常会出现一些质量缺陷，从而影响水工建筑物的结构特性、功能性和耐久性，并可能给工程带来重大安全隐患。为了确保混凝土的质量符合相关规范和标准，工程技术人员应根据缺陷实际采取有效措施，及时消除缺陷，保证工程的安全。

一、混凝土缺陷的类型

（一）表面缺陷

混凝土工程在施工过程中表面容易出现质量问题，从而降低混凝土的承载能力、耐久性和抗渗能力，影响建筑物的外观和工程正常运行。下面介绍混凝土常见的表面缺陷。

1. 蜂窝

蜂窝是指局部表面酥松，无水泥砂浆，粗骨料外露深度大于 5mm（但小于混凝土保护层厚度），石子间存在小于最大石子粒径的空隙，混凝土构件表面呈蜂窝状，一旦出现了蜂窝现象，混凝土强度将严重受损，大幅缩短其使用寿命。

2. 麻面

麻面是指混凝土结构构件表面缺浆、起沙、粗糙，呈现出密密麻麻的小凹点，而尚无出现钢筋暴露的混凝土缺陷，凹点直径通常不大于 5mm。

3. 露筋

露筋是指构件内钢筋未被混凝土包裹而发生外露，通常表现为混凝土内部的主筋、副筋或箍筋局部裸露在构件表面。

4. 缺棱掉角

缺棱、掉角是指梁、柱、板、墙以及洞口的直角边上的混凝土局部残损掉落，造成截面不规则、棱角缺损。

5. 孔洞

孔洞是指混凝土中孔穴深度和长度均超过保护层厚度，结构内存在着较大的孔隙，局部或全部无混凝土，内部钢筋局部或全部裸露。

（二）混凝土裂缝

大量的混凝土工程实践证明，混凝土工程中的裂缝问题是不可避免的，在一定范围内也是可以接受的。但在施工中应尽量采取有效措施控制裂缝的产生，使结构尽可能不出现裂缝或尽量减少裂缝的数量和宽度，尤其要避免有害裂缝的出现。

水工混凝土裂缝应根据缝宽和缝深进行分类，混凝土裂缝分类见表 11-1-1。当缝宽和缝深未同时符合表中指标时，应按照靠近、从严的原则进行分类。

表 11-1-1　混凝土裂缝分类

混凝土类型	裂缝类型	特性	分类标准	
			缝宽 δ	缝深 h
水工大体积混凝土	A 类裂缝	龟裂或细微裂缝	$\delta < 0.2mm$	$h \leq 300mm$
	B 类裂缝	表面或浅层裂缝	$0.2mm \leq \delta < 0.3mm$	$300mm < h \leq 1000mm$
	C 类裂缝	深层裂缝	$0.3mm \leq \delta < 0.5mm$	$1000mm < h \leq 5000mm$
	D 类裂缝	贯穿性裂缝	$0.5mm \leq \delta$	$h > 5000mm$
水工钢筋混凝土	A 类裂缝	龟裂或细微裂缝	$\delta < 0.2mm$	$h \leq 300mm$
	B 类裂缝	表面或浅层裂缝	$0.2mm \leq \delta < 0.3mm$	$300mm < h \leq 1000mm$ 且不过结构厚度的 1/4

混凝土类型	裂缝类型	特性	分类标准	
			缝宽 δ	缝深 h
水工钢筋混凝土	C 类裂缝	深层裂缝	$0.3\text{mm} \leqslant \delta < 0.4\text{mm}$	$1000\text{mm} < h \leqslant 2000\text{mm}$ 或大于结构厚度的 1/4
	D 类裂缝	贯穿性裂缝	$0.4\text{mm} \leqslant \delta$	$h > 2000\text{mm}$ 或大于 2/3 结构厚度

二、混凝土缺陷的成因

（一）表面缺陷

1. 蜂窝

（1）混凝土在振捣时振捣不严，尤其是没有逐层进行振捣。

（2）混凝土在倾注入模时，因倾落高度太大而分层。

（3）浇筑时采用的是干硬性混凝土，或施工时混凝土材料配合比控制不严，尤其是水灰比太低。

（4）模板不够严密，浇筑混凝土后出现跑浆现象，水泥浆出现流失。

（5）混凝土在运输过程中易发生离析现象，粗集料与砂浆互相分离，例如密度大的颗粒沉积到拌和物的底部，或者粗集料从拌和物中整体分离出来。

2. 麻面

（1）模板表面清理不干净，黏有干硬水泥砂浆等杂物，拆模板时混凝土表面被破坏。

（2）混凝土配比不当，造成混凝土坍落度不稳定，振捣时气泡难以排出。

（3）木模板未浇水湿润或湿润不够，吸去了构件表面混凝土的水分。

（4）模板损坏，浇筑后出现炸模、跑浆等现象。

（5）振捣不充分，大量气泡难以排出。

（6）拆模过早、用力过猛，造成混凝土部分表面被黏掉，形成麻面。

3. 露筋

（1）浇筑混凝土时钢筋保护层垫块位移、太少或漏放，致使钢筋紧贴模板。

（2）混凝土构件截面小，钢筋密，石子卡在钢筋上阻止了砂浆充满模板。

（3）因配合比不当，混凝土产生离析，浇捣部位缺浆或严重漏浆，造成露筋。

（4）振捣时，振捣棒撞击钢筋，使钢筋位移。

（5）拆模时用力过猛，造成混凝土构件缺棱掉角，从而露筋。

4. 缺棱掉角

（1）木模板在浇筑前未充分湿润或浇筑后养护不好，棱角处的混凝土水分被模板大量吸收，造成混凝土脱水，强度降低，拆模时棱角被黏掉。

（2）低温施工，过早拆除侧面非承重模板，或混凝土边角受冻，造成拆模时掉角。

（3）拆模时，边角受外力或重物撞击，棱角被撞掉。

（4）模板未涂刷隔离剂，或涂刷不匀。

5. 孔洞

（1）因骨料在混凝土表面堆积成空洞，形成桥架阻隔，浆体无法流入空洞处，形成边角尖锐的孔洞。

（2）混凝土体系含气量与浆骨比（表示水泥浆与骨料用量之间的对比关系）不匹配，大气泡停留在侧面无法顺利上浮，硬化后形成不规则圆角孔洞。

（3）未充分进行振捣。

（4）混凝土离析，砂浆分离，石子成堆。

（二）混凝土裂缝

产生混凝土裂缝的原因多样，其中在施工过程中经常存在的有因混凝土材料特性引起的裂缝，温度变形引起的裂缝，沉降不均造成的裂缝，外力作用引起的裂缝，以及在施工过程中施工工艺不到位造成的裂缝，如养护不到位。常见混凝土裂缝如下：

1. 收缩裂缝

收缩裂缝是实际工程中最为常见的，因材料干湿不均引起的收缩裂缝，主要成因有：

（1）混凝土原材料质量不合格，如骨料含泥量大等。

（2）水泥或掺合料用量超出规范规定。

（3）混凝土水灰比、坍落度偏大，和易性差。

（4）混凝土浇筑振捣差，养护不及时或未养护。

2. 温度裂缝

温度裂缝是指混凝土施工完，在硬化期间内外的温差较大，导致表面出现了一些不规则的裂缝。主要成因有：

（1）混凝土结构在硬化期间水泥放出大量水化热，使得内部温度高于外部温度，从而出现温度应力，直至将表面混凝土拉裂。

（2）结构温差较大，当大体积混凝土浇筑在约束地基（如桩基）上时，由于受到外界的约束，又没有采取特殊措施降低或取消约束时，裂缝易发生深进，直至贯穿整个混凝土整体。

3. 沉降裂缝

（1）结构地基土质不均，松软，回填土未夯实或浸水而造成的不均匀沉降导致产生裂缝。

（2）模板刚度不足，模板支撑间距过大或支撑底部松动等，特别是在冬季，模板支撑在冻土上，冻土化冻后产生不均匀沉降，致使混凝土产生裂缝。

（3）浇筑在斜坡上的混凝土，由于重力作用有向下滑动的趋势，从而产生裂缝。

三、混凝土缺陷的处理

缺陷处理前应查阅原施工记录、运行记录、维护记录、缺陷情况记录等，对缺陷及其成因进行全面调查、分析，确定切实可行的处理方案。缺陷处理后，必须加强养护，定期巡视检查，观察处理效果。

（一）表面缺陷

1. 蜂窝

（1）对较小蜂窝，可先用水冲洗干净，然后用 1:2 或 1:2.5 的水泥砂浆抹平压实。

（2）对较大蜂窝，应凿除松动的碎石和突出颗粒并适当凿深至密实处，冲洗干净并充分湿润后支模，用比原混凝土登记高一级强度的细石混凝土填塞捣实，加强养护。

（3）对较深蜂窝，如表面清除困难，可在其内部埋设压浆管和排气管，表面抹砂浆或浇筑混凝土封闭后进行水泥压浆处理。

2. 麻面

用清水冲洗干净，在麻面部位充分湿润后用水泥砂浆抹平压光。

3. 露筋

（1）对表面露筋，应将外露钢筋上的混凝土残渣和铁锈清理干净，用水冲洗干净并充分湿润后，再用 1:2 或 1:2.5 的水泥砂浆抹平压实。

（2）如露筋较深，应凿除薄弱混凝土和突出的颗粒，用水冲洗干净并充分湿润后，再用比原混凝土等级高一级强度的细石混凝土填塞捣实，加强养护。

4. 缺棱掉角

（1）缺棱掉角较小时，可先用水冲洗干净并充分湿润后，用 1:2 或 1:2.5 的水泥砂浆抹补齐整。

（2）缺棱掉角较大时，应凿除不实的混凝土和松散骨料颗粒，用水冲刷干净并充分湿润后，再用比原混凝土等级高一级强度的细石混凝土补好，加强养护。

5. 孔洞

（1）对一般孔洞，应将孔洞周围的松散混凝土和软弱浆膜凿除，用水冲洗干净并保持湿润，再用比原混凝土等级高一级强度的细石混凝土填塞捣实，加强养护。

（2）对较大或特殊结构孔洞，应根据孔洞部位、大小、形成原因等，制定专门的补强方案。

（二）混凝土裂缝

裂缝处理前，应对裂缝的位置、形状、走向、缝长、缝宽以及是否有渗水、溶出物等进行检查、记录，并绘制裂缝图，然后对裂缝进行分类处理。

1. A 类裂缝

对于 A 类裂缝，原则上可不做专门处理，当缝口破碎宽度大于 0.5mm 时，缝口应涂刷 1mm 厚环氧胶泥进行修补，涂刷宽度 15~20cm。

2. B 类裂缝

对于 B 类裂缝，应对表面进行直接封闭处理。先对裂缝表面进行清理，去除表面的钙质析出物、水泥浮浆以及其他污物，并冲洗干净，再采用环氧胶泥对裂缝表面进行封闭处理；

要求涂刷均匀，环氧胶泥厚度 1mm，缝口涂刷宽度 15～20cm。

3. C 类、D 类裂缝

对于 C 类、D 类裂缝，应进行化学灌浆处理。先对裂缝表面进行清理，去除表面的钙质析出物、水泥浮浆以及其他污物，并冲洗干净，再沿缝口间隔 30～50cm 布设灌浆嘴，并采用环氧胶泥对灌浆嘴以外的缝面和灌浆嘴周边进行封闭，以保证灌浆时不漏浆；待封缝材料有一定强度后用低黏度环氧灌浆材料进行化学灌浆，灌浆压力 0.4～0.6MPa，要求从低处向高处进行灌注；待临孔出浆时，关闭并结扎管路，继续压浆，也可在邻孔出浆后，关闭原灌浆管，移至其他邻孔继续灌浆，直至整条裂缝都灌满浆液并稳压 5～10min 为结束标准；在浆液固化后凿除灌浆嘴，并在缝面涂刷 1mm 厚环氧胶泥，涂刷宽度 15～20cm。

第二节 土石坝缺陷处理方法

土石坝，又称为当地材料坝，泛指由当地土料、石料或混合料，经过抛填、碾压等方式堆筑成的挡水坝。土石坝是一种结构相对简单、施工方便、成本较低的坝型，也是大坝中使用最为广泛的坝型，其类型主要有均质坝、土质防渗体分区坝（黏土心墙坝、黏土斜墙坝）以及非土料防渗体坝（心墙坝、面板坝）。

由于施工质量、后期管理以及特殊工况（如地震、高寒）等原因，土石坝存在不同程度的缺陷或质量问题，如不及时发现和处理，这些缺陷和质量问题将影响土石坝的安全稳定运行，甚至造成不可挽回的损失。

一、土石坝缺陷的类型

依据工程经验，土石坝的缺陷大致可分为 8 种类型：坝顶缺陷、坝高缺陷、面板缺陷、接缝缺陷、心墙缺陷、基础缺陷、滑坡和异常渗漏。

（一）坝顶缺陷

坝顶缺陷包括防浪墙、路面混凝土老化，伸缩缝、施工缝、与面板水平缝的挤压破坏、拉裂以及止水装置破坏，防浪墙与两岸的连接破坏等。

（二）坝高缺陷

坝顶（或防渗体顶部）高程应满足土石坝规范要求，但防浪墙顶高程的安全超高不满足要求（可能受坝体不均匀沉降或超高预留不足的影响）；坝顶（或防渗体顶部）高程高于设计洪水位，低于校核洪水位，且防浪墙顶低于浪顶高程。

（三）面板缺陷

面板缺陷主要存在于（沥青）混凝土面板坝中，主要表现为面板及趾板混凝土易产生挤压破坏、脱空、隆起、塌陷、裂缝、冻融、混凝土老化等，造成面板耐久性降低，另外沥青混凝土面板还存在封闭层老化的问题。

（四）接缝缺陷

面板坝接缝按位置和作用可分为周边缝、面板垂直缝、趾板伸缩缝、面板与防浪墙水平缝、防浪墙伸缩缝等，这些接缝是防渗系统中的薄弱环节，容易发生止水装置失效和渗漏问题。

（五）心墙缺陷

心墙作为防渗结构的重要部分，容易产生裂缝，填筑后容易出现心墙顶高程不满足设计要求，这些缺陷最终都会影响结构的防渗性能。

（六）基础缺陷

地基问题引起的土石坝失事事件在工程中占较大比例，主要表现为基础位置发生渗透破坏，渗漏通道逐步扩大进而产生集中渗漏。

（七）滑坡

滑坡的特征表现为外露滑坡缝，土体移位，呈弧形、大错距、渐变性。

（八）异常渗漏

土石坝异常渗漏可分为三种类型：坝体渗漏、坝基渗漏和绕坝渗漏。

（1）坝体渗漏：主要有散浸和集中渗漏两种，其溢出点或溢出面位于下游坝坡和坝脚。

（2）坝基渗漏：通过坝基的透水层，从坝脚或坝脚外的覆盖层较弱处逸出，严重的可产生变形，出浑水或翻砂。

（3）绕坝渗漏：渗水绕过坝头两端渗向下游，在下游岸坡溢出，渗漏随远离坝段逐渐减弱，最严重的情况是山体与坝端的接触面渗漏。

二、土石坝缺陷的成因

（一）坝顶缺陷

（1）混凝土受冻融或风化破坏产生表面裂缝、起鼓、脱落现象。

（2）由于坝体的不均匀沉降、地震等原因导致防浪墙伸缩缝以及面板顶部与防浪墙底座产生张开、错位等位移，或防浪墙与左右岸连接处出现裂缝，甚至出现止水装置被拉裂的情况。

（二）坝高缺陷

由于设计的坝顶（或防渗体顶部）高程是针对大坝沉降稳定后的情况而言的，若坝顶超高预留不足，在运行期大坝就会出现坝顶（或防渗体顶部）高程不满足要求的情况。

（三）面板缺陷

（1）受坝体不均匀沉降、上游水位变动、波浪淘刷、冻胀干裂、混凝土老化以及地震等因素的影响。

（2）混凝土浇筑的不连续性，加上接缝面处理不到位，导致新老混凝土接合不好，后期在结合面附近出现裂缝和破损。

（四）接缝缺陷

（1）周边缝两侧结构的变形性能相差较大，在水荷载的作用下，面板与趾板发生相对位移。

（2）坝体沉降过大或首次水库蓄水上涨过快，导致河床中部垂直缝产生挤压破坏，两岸坝肩附近的垂直缝产生张拉破坏。

（五）心墙缺陷

（1）在竖向荷载和水平荷载的作用下容易产生裂缝。

（2）由于土体的压缩性能，填筑后容易出现心墙顶高程不满足设计要求。

（3）心墙与坝顶衔接不密实以及心墙局部不均匀。

（4）因地震导致坝体结构发生破坏，进而影响心墙的防渗性能。

（六）基础缺陷

（1）表层强风化、裂隙密集的岩石没有完全挖除。

（2）基岩面存在微小裂缝或岩面不平整处没有处理，以及基岩没有进行固结灌浆。

（3）基岩内部存在渗漏通道。

（4）对断层破碎带等不良地质构造没有进行处理。

（七）滑坡

（1）坝基有含水量较高的淤泥层或软基未处理（处理不彻底），导致筑坝后产生剪切破坏。

（2）设计中进行坝坡稳定分析时选择的计算指标偏高，导致设计的坝坡陡于土体稳定边坡，造成边坡不稳定。

（3）水库放水时水位下降速度过快，导致水位下降速度与浸润线下降不同步。

（八）异常渗漏

1. 坝体渗漏

（1）筑坝质量较差。铺土过厚，碾压不实或漏碾，黏土心墙或斜墙层面结合不好等。

（2）心（斜）墙与坝体其他部分的填筑土料不同，产生差异性变形，导致心（斜）墙产生裂缝，在裂缝处产生集中渗漏。

（3）设计时未考虑土坝施工是分层碾压，实际施工中导致水平向渗透系数大于垂直向渗透系数，产生各向异性渗流场，导致坝体浸润线抬高。

2. 坝基渗漏

（1）坝基处理不当：清基不彻底，筑坝前未将杂物清理干净，或岩体风化层未清到较新鲜岩面，因表面破碎岩石引起接触面渗水。

（2）铺盖裂缝破坏：施工时防渗土料碾压不实；大坝不均匀沉降造成铺盖拉裂；铺盖下部未做好反过滤，水库蓄水后在高扬压力下被顶穿；施工时就近取土，破坏了覆盖层作为天然铺盖的防渗作用。

3. 绕坝渗漏

（1）两岸地质条件较差，岩石风化破碎，节理裂隙发育，或有松散土层存在。

（2）山体覆盖层单薄，或遭到破坏。

（3）坝头与山坡接触处清基不彻底，留有杂物，或截水槽未伸入不透水层。

三、土石坝缺陷的处理

（一）坝顶缺陷

（1）坝顶及防浪墙表面裂缝一般对坝体防渗、结构等没有影响，一般可不做处理；或从管理、美观角度出发，可采用沥青混凝土或柏油进行表面封闭，以防止裂缝的继续发展。

（2）坝顶及防浪墙混凝土产生的表面裂缝、起鼓、脱落等，可凿除破损的混凝土至新鲜混凝土表面，采用柔性材料将伸缩缝密封；在防浪墙顶钻孔，埋入钢筋，绑扎钢筋网，涂刷混凝土界面剂，使用聚合物砂浆抹面。

（3）防浪墙伸缩缝以及面板顶部与防浪墙底座产生张开、错位等位移，或防浪墙与左右岸连接处出现裂缝等情况，修复工艺包括凿除原破损的混凝土及止水装置、浇筑新防浪墙、安装止水装置和防水材料封堵处理等；处理中可选用 SR 塑性止水材料作为嵌缝、封缝材料，也可选用聚氨酯防水材料进行封堵处理。

（二）坝高缺陷

（1）对于防浪墙高度不满足超高要求的，仅需对防浪墙进行加高处理；采用与原防浪墙混凝土等级相同的混凝土进行加高，并采用锚筋与原防浪墙顶相连。

（2）对于坝顶（或防渗体顶部）高程不满足要求的，应按照设计要求对坝顶（或防渗体顶部）进行加高处理。

（三）面板缺陷

（1）面板裂缝。对于缝宽小于 0.2mm 且延伸较短的裂缝，可不做处理或采用环氧砂浆等弹性材料做表面封闭处理；对于缝宽大于 0.2mm（含 0.2mm）小于 0.5mm 的裂缝，一般先采用水溶性聚氨酯等材料进行化学灌浆处理，再进行嵌缝和表面处理；对于缝宽大于 0.5mm（含 0.5mm）的裂缝，一般先骑缝凿槽，再采用化学灌浆和封缝处理。

（2）面板产生挤压破损、脱空、隆起、塌陷、裂缝等。若破损部位在水面以上，可采用回填一般混凝土，裂缝处理参照上文中提到的施工工艺；若破损部位在水面以下，则应回填 PBM 聚合物混凝土、水下环氧混凝土等化学材料，然后进行水下封缝处理。

（四）接缝缺陷

（1）周边缝破坏：因周边缝破坏常见于由于剪切破损或张开作用引起的止水装置破坏，常见的处理方案为：修复止水装置；若有局部脱空，进行灌浆处理；接缝夹塞 SR 柔性填料；回填粉煤灰。

（2）垂直缝破坏：处理时，如止水装置发生挤压破坏，应先修复止水装置；水上部分采用混凝土修复破损面板，接缝处采用橡胶板隔缝；水下部分采用水下环氧混凝土进行回填。

（五）心墙缺陷

由于心墙位于土石坝的中心部位，竣工后对心墙缺陷的处理难度较大，除特殊情况外，缺陷查找及处理一般在施工期进行。常用的加固措施为各种形式的灌浆、各种形式的防渗墙以及防渗墙顶部加高等。

（六）基础缺陷

基础缺陷一般发生在未进行防渗处理的坝基，一般采用水平铺盖、坝基覆盖层防渗墙以及坝基固结灌浆等措施进行处理。

（七）滑坡

对于已经发生且滑动已终止的滑坡，必须进行永久性的滑坡处理，处理原则一般为上部减载与下部压重相结合。具体处理时，通常需要根据滑坡产生的原因和具体情况，采用开挖回填、加倍缓坡、压重固脚、导渗排水等多种方法综合处理。另外，凡因坝体裂缝引起的滑坡，处理时应同时进行渗漏处理。

（八）异常渗漏

对于土石坝，一般处理渗漏的原则为上堵下排。上堵的措施有水平防渗与垂直防渗。其中，水平防渗有黏土铺盖结合下排开挖导渗沟、减压井和水平盖重压渗等；垂直防渗有混凝土防渗墙、高压喷射灌浆防渗、劈裂灌浆防渗及土工合成材料防渗等。

第三节　边坡及洞室缺陷处理方法

为满足抽水蓄能电站高水头、具有上下两座水库的特点，电站一般建设在高山峡谷中，上下库之间需通过公路连接，建设过程中需对山体进行大量的开挖、支护工作，造就了大量的工程边坡，这些边坡以岩质边坡为主，且大部分为高于15m甚至30m的（超）高边坡。受抽水蓄能电站机组运行特性的影响，机组安装高程较低，常采用地下厂房和地下压力管道。建设期为方便上述洞室的施工和增加施工工作面，常开挖一些从地面通向需要开挖的主隧洞的辅助隧洞，称为施工支洞。随着建设期的结束，部分施工支洞会设置堵头进行封堵，更多的则是保留下来，作为永久隧洞。为保证地下厂房的安全稳定运行，削减厂房周围的地下水压力，在厂房上下游还需设置排水观测廊道。地下厂房洞、压力管道及各施工支洞、排水观测廊道等构成了电站地下厂房洞室群。

虽然边坡、洞室围岩等在建设期均会进行防护处理，但随着时间的推移，原有的工程防护措施会逐渐失效，或在外力的作用下产生破坏，给工程的安全稳定运行带来不利的影响，甚至发生人身伤害事故，因此运行管理单位需加强对边坡及洞室围岩的巡检与维护工作，一旦发现缺陷应及时处理，避免发生不可挽回的损失。

一、边坡及洞室的缺陷类型

（一）边坡缺陷类型

边坡破坏形式取决于岩性以及岩体内地质断裂面的分布与组合，常见的边坡破坏有滑坡、倾倒和崩塌。

1. 滑坡

滑坡是斜坡部分岩土体在重力作用下，沿一定的软弱面或软弱带，缓慢地整体向下移动，具有蠕动变形、滑动破坏和渐趋稳定三个阶段，有时也具有高速急剧移动现象。

2. 倾倒

倾倒是岩块以某一点或块体的某一棱线为转动轴心，绕其外侧临空面转动，以角变位为其主要变形破坏形式。

3. 崩塌

崩塌是边坡上部的岩块在重力作用下，突然以高速脱离母岩而翻滚坠落的现象。这种破坏是边坡表层岩体丧失稳定性的结果，其特点是在变形破坏过程中，并不是沿某一固定面的滑动，而是以自由坠落为其主要运行形式；经自由坠落脱离母体的碎块迅速下落堆积于坡脚，或在边坡表面上滚动并相互碰撞破碎后堆积于坡脚，形成具有一定自然休止角的岩堆。

（二）洞室缺陷类型

由于岩体在强度和结构方面的差异，洞室围岩变形与破坏的形式多种多样，主要的形式有脆性破裂、松动解脱、塑性变形等。

1. 脆性破裂

在坚硬完整的岩体中开挖地下洞室，围岩一般是稳定的；但在高地应力区，经常会产生岩爆现象。岩爆是储存有很大弹性应变能的岩体，能量突然释放所形成的，常发生于开挖卸荷时，在正常运行的洞室中不常见。

2. 松动解脱

碎裂结构岩体在张力或振动的作用下产生松动、解脱，在洞顶表现为崩落，在边墙上则表现为滑塌或碎块的坍塌，俗称掉块。这种破坏形式常发生在低强度岩石或被几组结构面切割成不利楔体的地段。

3. 塑性变形

强烈风化或强烈构造破碎的岩体，在重力、围岩应力和地下水的作用下产生的边墙挤入、底鼓及洞径收缩等现象。这种破坏形式都发生在泥灰岩、板岩等塑性岩体中。

二、边坡及洞室缺陷的成因

（一）边坡缺陷的成因

1. 滑坡

（1）地质地貌条件

1）岩土类型：结构松散，抗剪强度和抗风化强度低，在水的作用下岩体性质会发生变化的岩土体及软硬相间的岩层所构成的斜坡易发生滑坡。

2）地质构造条件：各种节理、裂隙、层面、断层发育的斜坡，特别是当平行和垂直斜坡的陡倾角构造面及顺坡缓倾的构造面发育时，易发生滑坡。

3）地形地貌条件：处于一定的地貌部位，具备一定坡度的斜坡，可能发生滑坡。

4）水文地质条件：地下水活动，在滑坡形成中起着主要作用。水文地质条件主要表现在水会软化岩土，降低岩土体强度，产生动水压力和孔隙水压力，潜蚀岩体，增大岩土容重，对透水岩层产生浮托力。

（2）外力因素。外力的主要诱发因素有地震、降雨和融雪、地表水的冲刷、浸泡、河流等地表水对斜坡坡脚的不断冲刷；不合理的人类工程活动，如开挖坡脚、坡体上部堆载、爆破、矿山开采等都可诱发滑坡。

2. 倾倒

岩体在重力作用下产生倾倒力矩，当倾倒力矩克服抵抗力矩时，岩体失稳而倾倒。此外，位于潜在倾倒体后侧的陡倾斜节理中经常有水和冰的楔入而产生对倾倒体的侧压力，也会促进倾倒的发生。

3. 崩塌

崩塌受岩体类型的影响，可能是小规模块石的坠落，也可能是大规模的山（岩）崩，这种现象的发生是由于边坡岩体在重力的作用和附加外力的作用（如地震、地表水入渗产生的孔隙水压力、冻胀等）下，岩体所受应力超过其抗拉（抗剪）强度时造成的。

（二）洞室缺陷的成因

1. 脆性破裂

岩体中有较高的地应力，并且超过了岩石本身的强度，同时岩石具有较高的脆性度和弹性，开挖卸荷破坏了岩体的平衡，强大的能量将岩石破坏，产生脆性破裂。

2. 松动解脱

岩体本身为块状夹泥碎裂结构、镶嵌结构，整体较为破碎，在外力的作用（如振动、温度变化等）下发生张拉、压剪等破坏，致使岩体产生松动和脱落。

3. 塑性变形

岩体本身为黏土岩、泥灰岩、板岩等塑性岩体，为松散结构，在地下水的影响下，产生大的膨胀应力，造成缩径和围岩稳定破坏。

三、边坡及洞室缺陷的处理方法

(一)边坡缺陷处理方法

边坡缺陷处理的实质是边坡变形破坏的防治,日常运行维护中应以防为主、及时治理。边坡防治的措施主要有坡面防护(植被防护和工程防护)、落石防护(主动防护系统、被动防护系统)、边坡支挡、边坡锚固、边坡疏排水等。实际中的边坡缺陷治理应结合边坡工程实际情况,从工程措施技术可行性、必要性和经济性等方面综合分析,选择单个或综合治理措施。

1. 植被防护

植被防护是指在边坡上种植植被能有效减缓边坡上的水流速度,植物的根系可固着边坡表层土壤以减少冲刷,从而达到保护边坡坡面的目的。植被防护的手段通常为植树、种草或二者相结合,一般选择根系发达、茂盛、生长迅速的植被。

2. 喷浆及喷射混凝土

喷浆及喷射混凝土适用于易风化的软岩及裂隙和节理发育、坡面不平整、破碎较严重的岩质挖方边坡,既可防止坡面进一步风化,又可促使裂隙间破碎岩石得到砂浆填充而加固。

3. 挂网喷锚联合防护

当坡面岩体已严重风化或岩体受切割破碎严重,喷浆或喷射混凝土防护强度不足时,为加强防护效果,应采用挂网喷锚联合防护;喷射混凝土与钢筋网封闭坡面,锚杆既可加固坡面一定深度内的岩体,又可承受少量松散体产生的侧向压力。

4. 主动防护系统

采用系统化排列布置的锚杆或其与支撑绳相配合的固定方式,将柔性防护网覆盖在具有潜在地质灾害的边坡上,对坡面孤危石及浅表层岩土体进行加固,避免落石或局部崩塌发生,抑制浅表层岩土体的变形移动,阻止或缓解各种自然应力对坡面的破坏。

5. 被动防护系统

被动防护系统(拦石网),是由柔性防护网、钢柱、连接件等构成的用于拦挡边坡滚塌落石的栅栏式承载结构,该结构能在设计能力内安全地吸收落石的动能,并将其转变为系统的变形加以消散。

6. 边坡支挡

边坡支挡的主要结构形式为挡土墙,其主要类型有重力式挡土墙(包括衡重式挡土墙)、薄壁式挡土墙(包括悬臂式和扶壁式挡土墙)、加筋式挡土墙、浆砌块石挡土墙等。

7. 边坡锚固

边坡锚固是将受拉杆件(常为钢筋)埋入岩土体,用以调动和提高岩土体的自身强度和自稳能力,这种受拉杆件即为锚杆或锚索,其所起的作用即为锚固。锚杆类型较多,一般按是否施加应力分为预应力锚杆和非预应力锚杆，前者属于主动加固措施，后者属于被动加固措施，且前者应用更广泛。

8. 边坡疏排水

边坡疏排水分为地表排水和地下排水。地表排水适用性较广，主要排水设施有排水沟、截水沟、急流槽及跌水等，能有效改善因地表水作用导致的边坡稳定性降低。地下排水系统应根据边坡所处位置、工程地质和水文地质条件确定，其主要形式有渗沟、盲沟、排水洞和集水井等。

（二）洞室缺陷处理方法

洞室缺陷的处理一般采用挂网喷锚支护、衬砌（混凝土衬砌、钢板衬砌、钢支撑）等形式进行。

1. 挂网喷锚支护

挂网喷锚支护是借高压喷射混凝土和打入岩层中的锚杆的联合作用加固岩层，既可作为洞室围岩的初期支护，也可以作为永久性支护。挂网喷锚支护能侵入围岩裂隙，封闭节理，加固结构面和层面，提高围岩的整体性和自承能力。当岩体比较破碎时，挂网喷锚支护还可以利用丝网拦挡锚杆之间的小岩块，增强混凝土喷层，辅助喷锚支护。

2. 衬砌

衬砌是指为防止围岩变形或坍塌，沿洞身周边用钢筋混凝土等材料修建的永久性支护结构。衬砌一般采用"先底板，后边墙顶拱"的方式进行。衬砌的主要形式有：整体式模筑混凝土衬，该方式对地质条件的适应性较强，可以按需要成形，整体性好，抗渗性强；装配式衬砌，指把工厂或现场预制好的构件运入洞室，用机械拼装而成的衬砌，洞室内的钢支撑就属于此类；复合式衬砌，外层采用喷锚作初期支护，内层用模筑混凝土或喷射混凝土作二次衬砌的永久结构。

第四节　水工观测技术

水工建筑物的运行条件十分复杂，实际工作状态难以用计算或模型试验准确预测，在施工和运行过程中都可能会发生建筑物安全事故，一旦发生事故，将直接威胁水库下游人民的生命和财产安全。水工建筑物安全监测是通过仪器观测和巡视检查，取得反映水工建筑物形态变化的各种数据，并对相关数据、资料进行分析，准确掌握水工建筑物的运行状态，保证其安全运行。

一、外部变形观测技术

水工建筑物的外部变形观测是在建筑物上设置固定的标点，然后用仪器测量出它在垂直方向和水平方向的位移。外部变形监测包括水平位移和垂直位移。水平位移中包括垂直坝轴线的横向水平位移和平行坝轴线的纵向水平位移。为了便于对观测结果进行分析，水平位移和垂直位移的观测应该配合进行，并且在观测位移的同时观测库水位、气温等外部环境量。对于混凝土建筑物，还应同时观测混凝土温度。

（一）外部水平位移观测

1. 视准线观测方法

水平位移视准线法，目前多采用固定端点设站法，即建立一条固定视准线来测定各位移标点的偏离值。这种方法观测简单，计算方便，是大坝位移观测常用的方法。水平位移视准线法主要适合于直线型坝体的水平位移观测。

2. 前方交会法

当观测视线长度超过300m或观测点不在一条直线上无法使用视准线法观测时，通常可采用前方交会法观测。这时应以坝下游两侧的控制点为测站，对观测点按照前方交会法进行观测，从而求得其位移值。

3. 极坐标法

高精度的全站仪在变形监测中的使用，使观测作业变得更为容易和方便，由于部分高精度仪器测角精度能达到0.5″，且与之匹配的测距精度达到（1mm+1ppm），基本上可以满足多种精密观测的要求。当受到观测环境影响无法前方交会观测时，借助于全站仪，极坐标法目前已被广泛采用。

4. 引张线观测法（人工、自动化监测均可以）

引张线是用一条不锈钢丝一端固定另一端挂重锤，使钢丝拉直成为一条直线，利用此直线来测量建筑物各测点位移的设备。测量系统由端点、测点、测线、保护管和读数仪等部分组成。

5. 真空激光（自动化监测）

波带板激光准直是根据光的衍射原理，点光源、波带板中心和像点中心三点在一条直线上的特点设计。

6. 正、倒垂线观测法（人工、自动化监测均可以）

正、倒垂线观测法主要监测建筑物的挠度变化。所谓挠度观测是指建筑物垂直断面内，各个高程点相对于底部基点的水平位移的观测。

（二）外部垂直位移监测

1. 水准观测

水准观测法是在建筑物两岸不受建筑物变形影响的地方设置水准基点或起测基点，在建筑物表面和适当部位设置垂直位移标点，然后以水准基点或起测基点的高程为标准，定期用水准仪测量标点高程的变化值，即得该标点处的垂直位移量。一般采用附合水准路线或闭合水准路线进行观测。对于混凝土坝、大型砌石坝和重要土石坝，应采用精密水准测量（一、二等水准测量）。

2. 三角高程

三角高程测量是通过观测各边端点的天顶距（垂直角），利用已知点高程和已知边长确定各点高程的测量技术和方法。对于地面高低起伏、较大地区，用水准观测测定地面点的高程效率较低，有时甚至非常困难。因此，在起伏较大地区或一般地区，如果高程精度要求又不很高时，常采用三角高程测量的方法。

3. 双金属标观测

双金属标（当没有浅层稳定基岩时，用深标埋入较深稳定基岩时）一般作为水准工作基点埋设，为了消除温度变化造成标杆热胀冷缩所产生的误差，选用两根不同膨胀系数的金属管作为标杆，测定两标杆温差变形值。

4. 静力水准（自动观测）

静力水准遥测仪利用连通器原理观测各个测点相对于基准点的垂直位移，基准点垂直位移由双金属管标直接测得，从而得出各个测点的垂直位移。下沉为正值，抬升为负值。原理：静力水准仪是测量两点或多点间相对高程变化的精密仪器。仪器由主体容器、连通管、传感器等部分组成。当仪器主体安装墩发生高程变化时，主体容体相对位置产生液面变化，通过传感器的输出变化可计算出测点的相对沉降。

二、内部变形观测技术

土石坝、面板堆石坝、边坡等内部变形也包括水平位移和垂直位移观测，水平位移观测方法主要有引张线式水平位移计、杆式位移计、测斜观测（＋滑动测微计）；垂直位移观测方法主要有液压式沉降仪、水管式沉降仪、沉降管（电磁式沉降仪）。

（一）坝体内部沉降

1. 液压式沉降仪

液压式沉降仪主要由传感器、通液管、储液罐、测读装置等组成，如图 11-4-1 所示。储液罐放置在固定的基准点，用两根充满液体的通液管连接沉降测点上的传感器，把传感器感应通液管液体的压力值换算为液柱的高度，由此算出沉降点与储液罐之间高差。

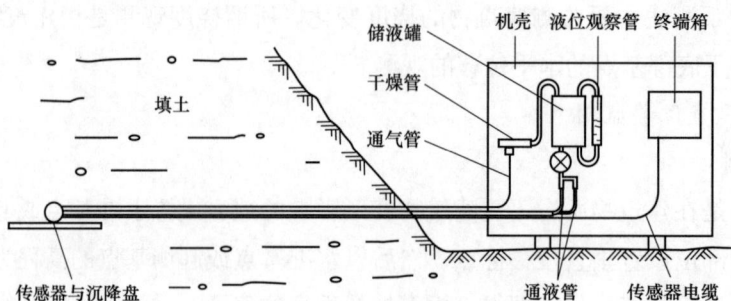

图 11-4-1　液压式沉降仪示意图

2. 水管式沉降仪

水管式沉降仪是利用液体的连通器原理来测量坝体的相对沉降量，再通过监测房外部沉降点的位移量计算出坝体内沉降测点的绝对沉降量。水管式沉降仪示意图如图11-4-2所示。

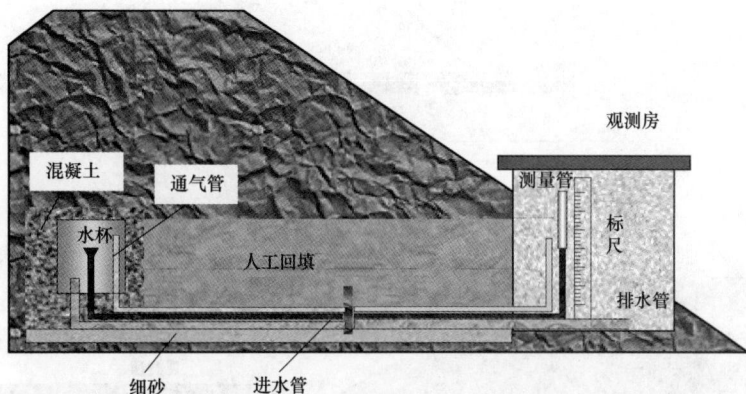

图 11-4-2 水管式沉降仪示意图

3. 沉降管（电磁式沉降仪）

沉降管的工作原理是根据地质钻探资料，设计出钻孔深度，以埋设于孔底的测点基准测点（也可以认为基准点是不动点），当某一测点发生垂直变形时，该测点相对于基准测点距离的变化量就是该测点的垂直位移量。沉降管（电磁式沉降仪）主要用于土石坝坝基、坝体的垂直位移监测。沉降管（电磁式沉降仪）示意图如图11-4-3所示。

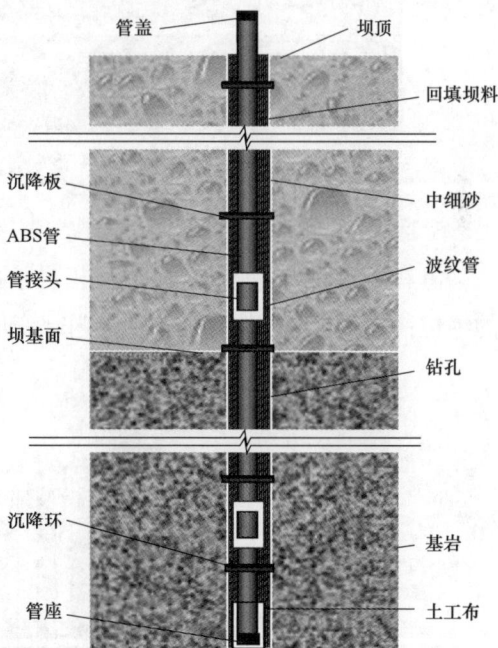

图 11-4-3 沉降管（电磁式沉降仪）示意图

（二）坝体内部水平位移

内部水平位移监测采用杆式位移计、引张式水平位移计或测斜观测进行监测。

1. 杆式位移计

杆式位移计一般是串联式，其工作原理是：通过一定长度的传递杆将传感器固定在两个法兰之间，通过串联方式连接到观测房。杆式位移计示意图如图11-4-4所示。

2. 引张线式水平位移计

引张线式水平位移计是并联式，其工作原理是：沿测量高程水平铺设能自由伸缩的钢管，从各个测点引出铟瓦合金钢丝，至观测房内的固定标点，经导向轮后在其终端系一固定质量的砝码，测点移动时带动钢丝移动，用游标卡尺测出位移量，前后测量结果进行对比，加上观测房的位移量，即为测点的水平位移量。引张线式水平位移计示意图如图 11-4-5 所示。

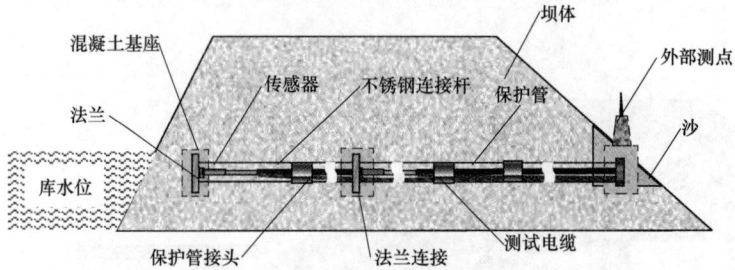

图 11-4-4　杆式位移计示意图

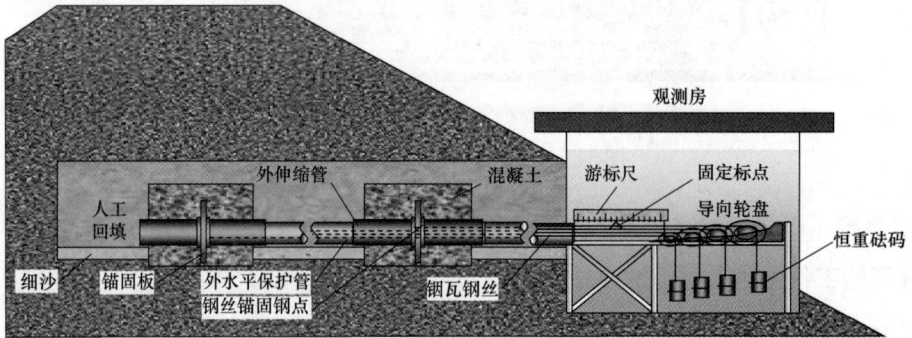

图 11-4-5　引张线式水平位移计示意图

3. 测斜观测（＋滑动测微计）

测斜观测是测出垂直体各部位相对于孔口的相对位移，加上孔口位移可计算出每个测点的绝位移（适合滑坡体、土石坝等内部变形监测）。滑动测微计示意图如图 11-4-6 所示。

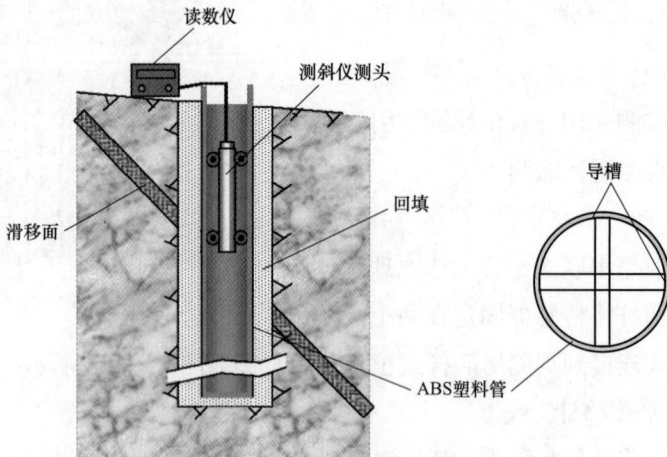

图 11-4-6　滑动测微计示意图

三、渗流观测技术

渗流观测包括渗压观测、绕坝渗流、土坝坝体与坝基渗压、混凝土坝基础扬压力与渗透压力、坝体与坝基渗漏量观测，掌握大坝的渗流观测数据，对分析大坝的安全运行状态也是一项目重要因素。下面介绍渗压观测和渗漏量观测。

（一）渗压观测

1. 渗压观测方法

渗压观测其实就是观测测点处的水压或水头。绕坝渗流是指大坝建成蓄水后，库水渗流绕过两岸坝肩（坝端）从下游岸坡流出；土坝坝体与坝基渗压是指库水渗入土坝坝体或坝基形成的水压；混凝土坝基础扬压力与渗透压力是指库水通过坝基与下游尾水共同形成的向上水压力；渗压观测常见有压力表观测、电测水位计观测及渗压计共三种方法。

（1）压力表观测。当测孔孔内水位高于测孔孔口高程时，应在孔口安装压力表，压力表的精度不得低于 0.4 级，应根据压力的大小选用量程合适的压力表，使读数在 1/3～2/3 量程范围内，压力表应每年进行检验，确定其能否继续使用。孔内水柱高程 H = 压力表中心高程 + 压力表读数（MPa）× 1000/9.807。

（2）电测水位计观测。当测孔孔内水位低于孔口时，可用电测法观测，观测时将测头放入管内，确认测头与水面接触后，拉紧测绳使之刚好接触到水面，量出管口至水面的距离，即可计算出孔内水位高程。电测法观测中误差不得大于 1cm。

（3）渗压计。渗压计观测适合于孔内水位高于测孔孔口高程与孔内水位低于孔口两种情况。在孔内适当高程埋设渗压计，读取渗压计测量值，可以计算出孔内水位从渗压计埋设高程至水面高差。

2. 混凝土坝渗压系统计算

当测压管孔内水位不受下游水位影响时，通常只计算扬压系数；当测压管孔内水位受下游水位影响时，通常计算渗压系数，此时扬压力等于渗透压力与下游浮托力之和。

（二）渗漏量观测

1. 渗漏量观测方法

当渗流量小于 1L/s，可采用容积法，充水时间一般为 1min，且不得小于 10s，两次测量值之差不得大于平均值的 5%。

当渗流量在 1～300L/s 范围内时，用量水堰法进行观测。

当渗流量大于 300L/s 或受落差限制不能设量水堰时，应将渗漏水引入排水沟中，采用测流速法。

2. 量水堰

（1）量水堰的基本要求。

量水堰通常布设在集水沟的直线段上，集水沟断面的大小和堰高，应使堰下水位低于堰口，使堰口自由溢流；堰壁需与集水沟来水方向垂直，并且直立；堰槽段应用矩形断面，其长度应大于堰上最大水头 7 倍，且总长不得小于 2m（堰板上游、下游的堰槽长度分别不得小于 1.5m 和 0.5m）；堰板可采用钢板或钢筋混凝土板；堰口要制成薄片（可采用 46mm 厚不锈钢板或普通钢板制作），一般将堰口靠下游边缘制成 45° 斜坡；量水堰的水尺应设在堰口上游，距堰口距离为 3～5 倍的量水堰水头；尺身应铅直，其零点高程与堰口高程之差不得大于 1mm，水尺刻度分辨率应为 1mm，测针刻度分辨率应为 0.1mm。

（2）量水堰的种类。

1）三角堰：适用于流量为 1～70L/s。其过水断面为等腰三角形，底角为 90°，堰上水头最大不宜超过 0.3m，最小不宜低于 0.05m。

2）梯形堰：适用于流量在 1～300L/s。其过水断面为梯形，通常边坡为 1∶0.25，堰口严格保持水平，底宽不大于 3 倍的堰上水头，堰上水头不宜大于 0.3m。

3）矩形堰：适用于流量在 50～300L/s。矩形堰分为有侧收缩和无侧收缩两种，其制作较上述两种困难，一般不采用。

四、应力、应变及温度观测

所有建筑物都是因内、外部荷载和各种因素作用下引起应力、应变，从而达到并超过承载强度产生裂缝或局部破坏。从观测安全角度来看，应力、应变观测是评估大坝安全状态的重要参数。合理、认真、及时地进行应力、应变监测工作往往能得到早期的"报警"信息。同时应力、应变观测为变形和渗流观测提供可靠的依据。所以应力、应变观测和变形、渗流观测是相辅相成的，是安全监测系统中有机的结合体。在建筑物重要部位可布设相互验证的应力、应变等监测仪器。

应力、应变及温度观测项目主要有混凝土应力、应变观测、锚杆（锚索）应力观测、钢筋应力观测、钢板应力观测、温度观测、接缝裂缝开度观测等。

（一）混凝土应变计观测

1. 观测目的

混凝土应变计示意图如图 11-4-7 所示。

混凝土应变计用来观测混凝土的应力应变及非应力应变两者之和，无应力计用来观测混凝土的非应力应变，总应变扣除非应力应变后得到应力应变，最后由应力徐变资料计算出混凝土的应变。

2. 工作原理

钢弦式应变计固定在混凝土结构物中，通过两端的端头与混凝土紧密嵌固，中间受力的应变管用布缠绕，与混凝土隔开，当混凝土产生应变时，则由端头带动应变管产生变形，使钢弦应力发生变化，用频率测定仪测钢弦受力后的频率值，即可求得混凝土变形值。

差阻式应变计的工作原理为当仪器受到变形或温度的作用时，电阻比发生变化，而电阻

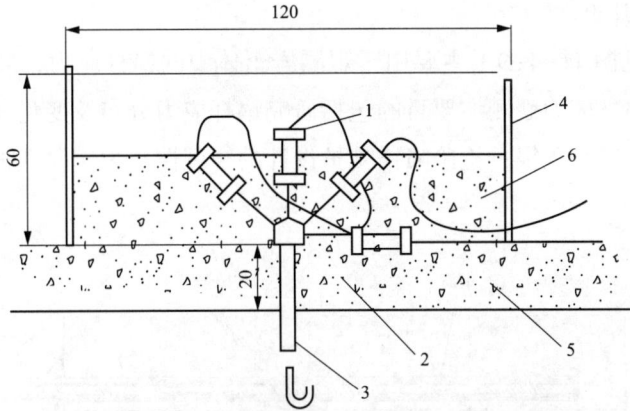

图 11-4-7　混凝土应变计示意图（单位：mm）
1—应变计；2—支座（支杆）；3—预埋锚杆；4—保护箱；5—碾压混凝土；6—常态混凝土

比的变化同应变和温度的变化存在一定的线性关系，从而计算出应变计的变形值。

3. 应变观测

（1）基准值的确定。安装完成后即读取初始值，在混凝土浇筑初期，一般在 1、2、3、5、8、12、18、24h 各测一次，直至混凝土到达最高水化热；待混凝土终凝后或水化热基本稳定时（一般 2 天）的测量值可作为基准值。

（2）观测时间和次数安排。混凝土浇筑初期，在 1、2、3、5、8、12、18、24h 各测一次，直至混凝土达到最高水化热；以后每天观测 1 次，持续一旬；以后每旬观测 3 次，连续观测 1 月；此后每周观测 1 次，在有异常情况时及蓄（充）水过程中加密观测。观测时间和次数应考虑工程或试验研究的需要，制定观测方案或大纲。观测期间也要根据现场具体情况进行适当调整。

（二）钢筋（应力）计观测

钢筋计（见图 11-4-8）又称钢筋应力计，用于测量钢筋混凝土中的钢筋应力。将不同规格的钢筋计两端对接，焊在与其端头直径相同的欲测钢筋中，直接埋入混凝土内；无论钢筋混凝土内是否有裂缝，可以测得钢筋一段长度的平均应变，从而确定钢筋受到的应力。

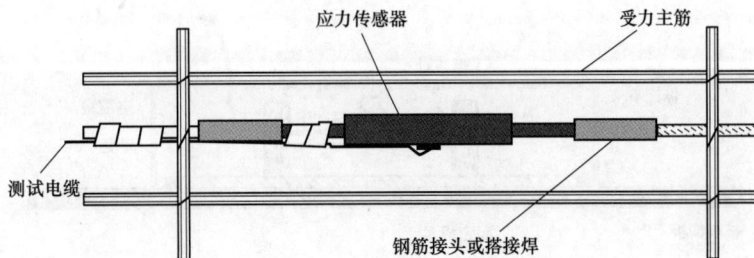

图 11-4-8　钢筋计示意图

（三）锚杆应力计观测

锚杆应力计（见图11-4-9）主要用于观测岩土体中的锚杆应力，装上锚杆应力计的锚杆称为观测锚杆。锚杆应力观测主要目的包括研究锚杆应力分布及变化规律；研究围岩的稳定性和及时进行施工安全预报；检验喷锚支护设计的合理性；为修改支护参数，优化设计提供判据。

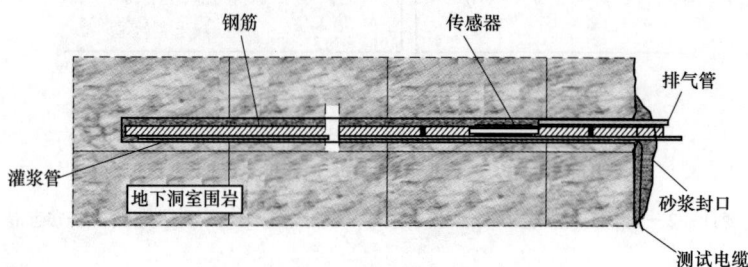

图 11-4-9　锚杆应力计示意图

（四）锚索测力计

锚索测力计（见图11-4-10）是用于岩土工程的荷载或集中力观测的传感器，用来监测预应力锚索的加固效果和运行工作状态，对锚固荷载的大小和变化进行监测。

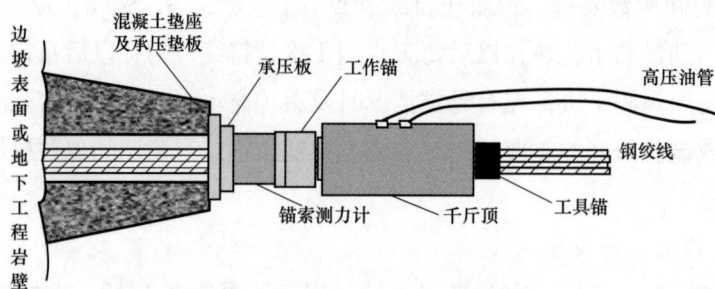

图 11-4-10　锚索测力计示意图

（五）钢板应力计

钢板应力计（见图11-4-11）主要用来观测钢结构的应力情况（如引水钢管）。

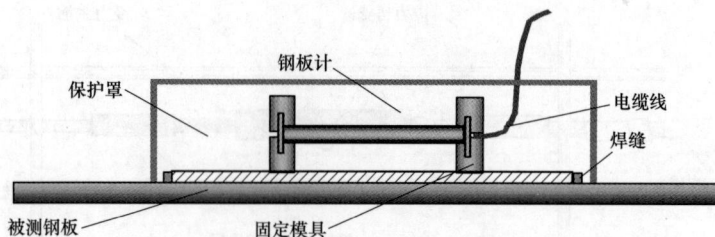

图 11-4-11　钢板应力计示意图

（六）压应力计

压应力计（见图 11-4-12）是观测接触面间压力研究的一个重要手段，压力一般通过压应力计来直接观测。压应力计用于观测混凝土和岩土体内部压力、岩土体与混凝土或结构物接触面上的压力。

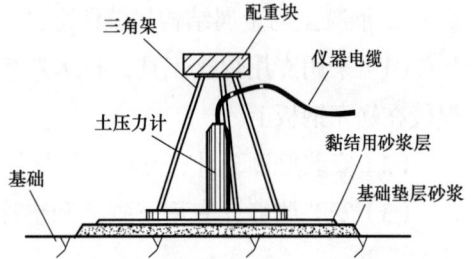

图 11-4-12　压应力计示意图

（七）温度计

温度计（见图 11-4-13）用于监测混凝土坝、面板堆石坝的库水温度以及混凝土结构在浇筑过程与运行过程中的温度变化情况。其也可埋设于钻孔中，监测测点的环境温度。

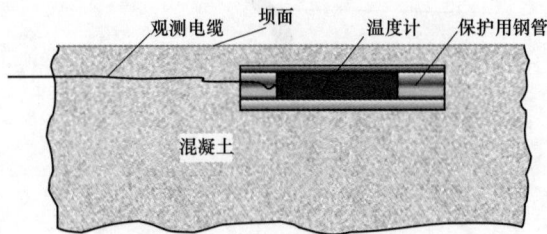

图 11-4-13　温度计示意图

（八）测缝计观测

测缝计是测量结构接缝开度或裂缝两侧块体间相对位移的观测仪器。

1. 混凝土与岩石接缝测缝计

在岩体中钻孔，孔径大于 75mm，孔深 1m；在孔内填满水泥砂浆，砂浆应有微膨胀性，将带有加长杆的套筒挤入孔中，筒口与孔口齐平；然后将螺纹口涂上机油，筒内填满棉纱，旋上筒盖；待浇筑混凝土时，打开套筒盖，取出填塞物，旋上测缝计，回填混凝土；安装前将测缝计按反时针方向旋转 5～6 圈，再插入预埋的套筒中，把仪器按顺时针方向拧紧用棉纱封堵孔口，以防砂浆侵入，测缝计安装完后将测缝计预拉 5mm。混凝土与岩石接缝测缝计示意图如图 11-4-14 所示。

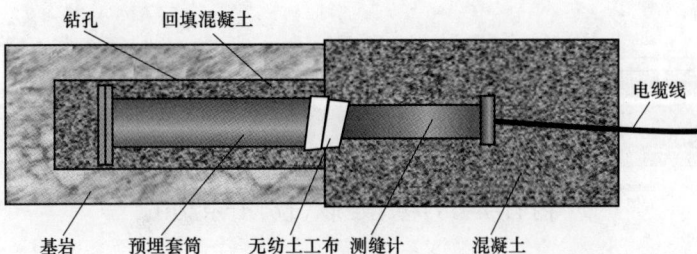

图 11-4-14　混凝土与岩石接缝测缝计示意图

2. 混凝土与金属结构接缝测缝计

（1）采用专用焊接工具，技术熟练的焊接技师按照焊接工艺的要求，将测缝计套筒底盘焊接在蜗壳钢板上。

（2）安装好测缝计，并用棉纱保护好测缝计的波纹管。

（3）安装测缝计专用三脚架和垫片，并对测缝计进行预拉全量程的 1/3～1/4，记录初始读数。

（4）混凝土浇筑时守护，并随时检查测缝计是否运行正常。混凝土与金属结构接缝测缝计示意图如图 11-4-15 所示。

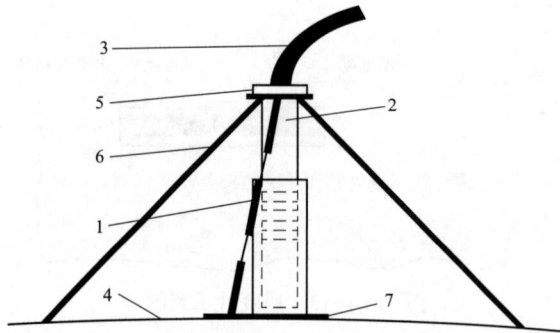

图 11-4-15 混凝土与金属结构接缝测缝计示意图

1—测缝计套筒；2—测缝计；3—电缆；4—蜗壳钢板；5—马蹄垫片；6—支撑三脚架；7—焊缝

（九）三向测缝计

观测周边缝的接缝位移，包括垂直于面板的挠曲（沉降）、垂直于接缝的开合及平行于接缝的滑动（剪切）位移三向位移。

（十）基岩变形（位）计

基岩变形（位）计（见图 11-4-16）用于观测基岩变形状态情况。

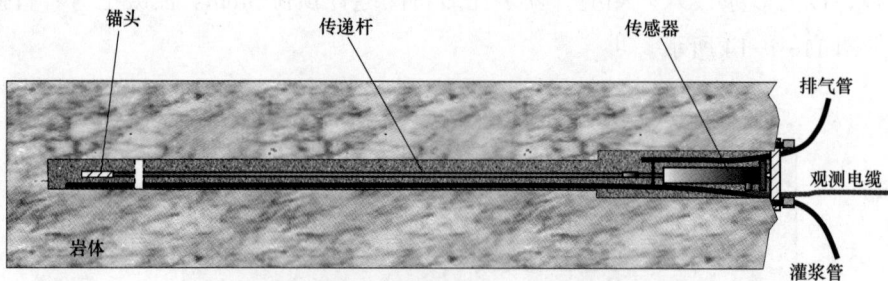

图 11-4-16 基岩变形（位）计示意图

五、环境量观测技术

环境量也是影响水工建筑物的因素，只有准确掌握各环境量的变化情况才能正确分析评判水工建筑物变化情况，据以判断建筑物的运行性态。

环境量监测主要包括水位、水温、气温、降雨量、冰压力、坝前淤积和下游冲刷等监测项目。

1. 水位观测

水位监测应设置遥测水位计和水尺，遥测水位计和水尺与水情自动化测报系统共用，但监测数据应能实时共享；设置遥测水位计的同时，应设置人工测读的水尺，其最大测读高程应高于校核洪水位；水位以米（m）计，读数至0.01m。

大坝监测数据分析所采用的水位测量值应为日平均水位，若采用人工测读水位，则一日内至少应确定等间隔时间点测读4个数据进行日平均水位计算。

人工测读时，应按水面与水尺的相交处读取数值。当风浪影响到观测时，应读记波浪峰、谷两个读数，取其平均值作为水位测量值。

当水位监测断面全部结冰冻实时，可不测读水位，应记录冻实时间；水尺附近未冻实时，应将水尺周围的冰层清除，待水面平静后再测读水位。

2. 水温观测

库水温监测有固定式和活动式两种方法。固定式库水温监测可采用建筑物迎水面表面部位埋设的温度计进行监测；活动式库水温监测采用温度和水深测量组合装置测量不同水深处的温度。

库水温测读的同时应测量气温，库水温以摄氏度（℃）计，读数至0.1℃。

采用活动式库水温监测方法时，温度计放在所测部位的时间不宜小于5min，水深以米（m）计，读数至0.01m。

3. 气温观测

气温监测一般选用玻璃温度表、双金属片温度计、金属电阻温度表、热敏电阻温度表等，自动站使用气温传感器，气温监测仪器应设在专用的百叶箱内，温度以摄氏度（℃）计，读数至0.1℃；大坝监测所采用的气温测量值应为日平均温度，可取每日02：00、08：00、14：00、20：00观测值的平均值，时间误差不应超过1min。

人工测读气温时，应保持视线与温度计液面平齐，并迅速读数，避免人为影响气温测量值。

4. 降水量观测

降水量观测项目一般包括测记降雨、降雪、降雹的水量。单纯的雾、露、霜不计为降水量，降水量以毫米（mm）计，读数至0.1mm。

降水量观测场地应避开强风区，其周围应空旷、平坦、不受突变地形、树木和建筑物以及烟尘的影响。

降水量监测可选用自记雨量计、遥测雨量计或自动测报雨量计，可与水情自动测报系统共用，但监测数据应实时共享。

每日降水以北京时间 08:00 为日分界，即从昨日 08:00 至今日 08:00 的降水统计为昨日降水量。

5. 冰压力观测

结冰前在冰面以下 20～50cm 处，每隔 20～40cm 设置 1 个压力传感器，并在旁边相同深度设置温度计，监测静冰压力及冰温，同时应监测气温和冰厚。

自结冰之日起，每日至少应监测 2 次；在冰层胀缩变化剧烈时期，应加密测次。

消冰前根据变化趋势，对预设在大坝前缘适当位置的压力传感器进行动冰压力监测，同时应监测冰情、风力和风向等。

6. 坝前淤积和下游冲刷观测

泥沙压力监测宜使用安装在建筑物迎水面表面部位的压力计。坝前淤积和下游冲刷情况的监测可采用水下摄像、地形测量或断面测量等方法。

水库淤积测量、坝前断面淤积测量和下游河道冲刷测量方案应满足不同时间观测成果的可比性原则。水库淤积测量、大坝下游河道全断面测量工作宜结合大坝定检工作，每 5 年至少一次；若遭遇水电站历史最大洪水或重现期为 20 年一遇以上的洪水时，应在泄水完成后，及时进行溢流面、消能设施及下游导墙等过洪表面及基础的水下检查以及下游冲坑测量工作。

在坝前、沉沙池、下游冲刷的区域至少应各设置 2 个固定测量断面；坝前断面淤积测量以及多泥沙河流汛期闸门前的泥沙淤积断面监测宜每年进行；下游冲刷断面测量，土石坝应在每年汛期泄洪后施测一次，混凝土坝可每 2～3 年或更长时间施测一次，多泥沙河流应至少每两年施测一次。

思 考 题

1. 简述混凝土常见的表面缺陷类型。
2. 简述产生混凝土裂缝的常见原因。
3. 简述土石坝常见的缺陷类型。
4. 简述边坡缺陷的主要处理措施。
5. 简述渗漏量有哪几种观测方法。
6. 环境量观测项目主要有哪些？

参考文献

［1］李奎生，李书彦，吴玮. 水电厂运行［M］. 北京：中国电力出版社，2016.

［2］孙效伟. 水轮发电机组及其辅助设备运行［M］. 北京：中国电力出版社，2010.

［3］张诚，陈国庆. 水电厂辅助设备及公用系统检修［M］. 北京：中国电力出版社，2019.

［4］冯伊平. 抽水蓄能运维技术培训教程［M］. 杭州：浙江大学出版社，2016.

［5］刘细龙，陈福荣. 闸门与启闭设备［M］. 北京：中国水利水电出版社，2002.

［6］李浩良，孙华平. 抽水蓄能电站运行与管理［M］. 杭州：浙江大学出版社，2013.

［7］国网新源控股有限公司. 水电厂运维一体化技能培训教材［M］. 北京：中国电力出版社，2015.

［8］国家能源局. 水力发电厂水力机械辅助设备系统设计技术规定：NB/T 35035—2014［S］. 北京：新华出版社，2014.

［9］中国国家标准管理委员会. 电厂用运行矿物汽轮机油维护管理导则：GB/T 14541—2005［S］. 北京：中国标准出版社，2017.

［10］国家能源局. 电力变压器用绝缘油选用导则：DL/T 1094—2008［S］. 北京：中国电力出版社，2019.

［11］国家能源局. 混凝土坝安全监测技术规范：DL/T 5178—2016［S］. 北京：中国电力出版社，2016.

［12］国家能源局. 土石坝安全监测技术规范：DL/T 5259—2010［S］. 北京：中国电力出版社，2011.

［13］国家能源局. 水电工程钢闸门设计规范：NB 35055—2015［S］. 北京：中国水利水电出版社，2016.